团 体 标 准

造型砂浆系统应用技术规程

Technical specification for application of sculpture mortar system

T/SBMIA 024—2023

主编单位：同济大学
上海乃村装饰工艺有限公司
批准部门：上海市建筑材料行业协会
施行日期：2023 年 8 月 15 日

同济大学出版社

2023　上海

图书在版编目(CIP)数据

造型砂浆系统应用技术规程 / 同济大学，上海乃村装饰工艺有限公司主编. —上海：同济大学出版社，2023.8

ISBN 978-7-5765-0810-9

Ⅰ. ①造… Ⅱ. ①同… ②上… Ⅲ. ①水泥砂浆—技术规范 Ⅳ. ①TQ177.6-65

中国国家版本馆 CIP 数据核字(2023)第 054334 号

造型砂浆系统应用技术规程

同济大学
上海乃村装饰工艺有限公司 主编

责任编辑 朱 勇
责任校对 徐春莲
封面设计 陈益平

出版发行 同济大学出版社 www.tongjipress.com.cn
(地址：上海市四平路 1239 号 邮编：200092 电话：021-65985622)
经　　销 全国各地新华书店
印　　刷 浦江求真印务有限公司
开　　本 889mm×1194mm 1/32
印　　张 2.75
字　　数 74 000
版　　次 2023 年 8 月第 1 版
印　　次 2023 年 8 月第 1 次印刷
书　　号 ISBN 978-7-5765-0810-9
定　　价 30.00 元

上海市建筑材料行业协会

沪建材协(2023)第 001 号

关于发布团体标准《造型砂浆系统应用技术规程》的通知

各有关单位：

我会团体标准《造型砂浆系统应用技术规程》经审查批准，现予以发布，团体标准编号为 T/SBMIA 024—2023，自 2023 年 8 月 15 日实施，标准有效期至 2028 年 8 月 14 日。

特此

上海市建筑材料行业协会

2023 年 2 月 24 日

前　言

为规范造型砂浆系统在建筑工程中的应用，确保工程质量，编制组在全面分析造型砂浆系统性能及研究成果和实践经验基础上，根据有关文件精神和相关标准规范要求，制定本规程。

本规程主要内容包括：总则、术语、材料、设计、施工、质量检验与验收。

本规程为约定采用。上海乃村装饰工艺有限公司、铃鹿复合建材（上海）有限公司、同济大学建筑设计研究院（集团）有限公司、上海建筑设计研究院有限公司、上海市建筑科学研究院有限公司、上海同济检测技术有限公司等单位承诺严格执行本规程，对文中的内容、数据的真实性和有效性负责，并承诺所提供的材料真实。

本规程的某些内容可能涉及专利，本规程的发布单位不承担识别相关专利的责任。

本规程由上海市建筑材料行业协会负责管理，由同济大学负责具体技术内容的解释。有关单位在执行本规程过程中，如需要修改和补充，请将有关建议资料反馈至同济大学（地址：上海市曹安公路 4800 号；邮编：201804），以供今后修订时参考。

主 编 单 位：同济大学
上海乃村装饰工艺有限公司
参 编 单 位：铃鹿复合建材（上海）有限公司
同济大学建筑设计研究院（集团）有限公司
上海建筑设计研究院有限公司
上海市建筑科学研究院有限公司
上海同济检测技术有限公司

主要起草人:张国防　陆景航　张永进　陈继良　刘　威
陈　宁　赵　红　陈金山　王　珏　尹　航
孟　媛　周　劼

主要审查人:王培铭　贺鸿珠　张永明　赵立群　曹毅然
冯　浪

目　次

Contents

1 总 则

1.0.1 为规范造型砂浆系统在建筑装饰、主题化和艺术化造型工程中的应用，并做到安全适用、技术先进、质量可靠、经济合理，制定本规程。

1.0.2 本规程适用于所处抗震设防烈度为 6 度～8 度地区且高度不超过 24 m 的建筑装饰造型工程、山石雕刻造型工程以及水环境造型工程的设计、施工和质量验收。

1.0.3 造型砂浆系统的设计、施工及验收，除应符合本规程外，尚应符合国家现行有关标准的规定。

2 术 语

2.0.1 造型砂浆系统 sculpture mortar system

由支撑系统、底层造型砂浆、面层造型砂浆、辅助系统等按一定的构造方式组合而成的，实现造型效果的构造总称。

2.0.2 建筑装饰用造型砂浆系统 sculpture mortar system for building decoration

依附于建筑基层的造型砂浆系统。分为建筑立面装饰用造型砂浆系统和建筑吊顶装饰用造型砂浆系统。

2.0.3 山石雕刻用造型砂浆系统 sculpture mortar system for rockwork

依附于钢筋网结构基层的造型砂浆系统。分为封闭式山石雕刻用造型砂浆系统和非封闭式山石雕刻用造型砂浆系统。

2.0.4 水环境用造型砂浆系统 sculpture mortar system for underwater environment

用于水环境且依附于非腐蚀性支撑结构基层的造型砂浆系统。通常分为缸体内水下大造型、缸体内水下小造型和缸体内低水位造型三种。

2.0.5 封闭式山石雕刻用造型砂浆系统 sculpture mortar system for encapsulated rockwork

钢筋网结构完全埋入造型砂浆而不存在任何暴露的山石雕刻用造型砂浆系统。

2.0.6 非封闭式山石雕刻用造型砂浆系统 sculpture mortar system for non-encapsulated rockwork

钢筋网结构不完全埋入造型砂浆而部分暴露在外的山石雕刻用造型砂浆系统。

2.0.7 缸体内水下大造型 underwater large sculpture mortar system

完全浸没于常水位以下，且突出缸(池)体结构超过 600 mm 的水环境用造型砂浆系统。

2.0.8 缸体内水下小造型 underwater small sculpture mortar system

完全浸没于常水位以下，且突出缸(池)体结构不超过 600 mm 的水环境用造型砂浆系统。

2.0.9 缸体内低水位造型 underwater sculpture mortar system with low-water level

浸没于常水位以下不超过 600 mm，且突出缸(池)体结构也不超过 600 mm 的水环境用造型砂浆系统。

2.0.10 支撑系统 support structure

连接主体结构和造型砂浆完成面的支撑结构系统。根据结构形式和所处环境，支撑系统一般包括二次结构及具有一定造型的承载造型砂浆的钢筋网。

2.0.11 正面金属网 front metal mesh

造型砂浆系统中，安装在钢筋网的正面，与造型砂浆在同一侧的金属网。

2.0.12 正面菱形金属网 front diamond shape metal mesh

用于建筑立面装饰用造型砂浆系统的菱形孔的正面金属网。

2.0.13 正面六角金属网 front hexagonal metal mesh

用于封闭式山石雕刻用造型砂浆系统的六角孔的正面金属网。

2.0.14 背面菱形金属网 back diamond shape metal mesh

用于山石雕刻用造型砂浆系统，安装在钢筋网的背面，与造型砂浆在不同侧的菱形金属网。

2.0.15 紧固件 fastener

用于造型砂浆系统与基层联结、加固的专用机械固定件。

2.0.16 玻璃纤维增强塑料 glass fiber reinforced plastics

一种由合成树脂和玻璃纤维经复合工艺制作而成的，主要用于水环境用造型砂浆系统的复合塑料材料。具有可设计性强、重量轻、比强度高、耐腐蚀、容易着色、介电性能好、能透过电磁波等特性。简称为FRP材料。

2.0.17 造型技法 sculpture technics

将造型砂浆以喷、抹、堆、洒、印、刻、勾、划、嵌、冲、刷、挤、扫、砸、捏、按、点、压、搓、擦、拍等手法，雕刻出主题创意惟妙惟肖的仿体肌理和深邃的质感，并通过喷、刷、涂、抹等主题上色工艺渲染出其本真姿色和神韵的造型工艺过程的总称。

3 材 料

3.0.1 造型砂浆的性能应符合现行团体标准《造型砂浆》T/SBMIA 001—2021 的规定，具体如表 3.0.1 所示。

表 3.0.1 造型砂浆的性能要求

项目		指标		检测方法
		底层造型砂浆	面层造型砂浆	
外观		均匀一致、无结块		目测
稠度损失率(1 h)，%		≤25.0		T/SBMIA 001—2021
保水率，%		≥90.0	≥92.0	JGJ/T 70
塑性抗开裂性能，mm		≤50		JC/T 951
可造型时间，min		≥180		T/SBMIA 001—2021
抗垂挂性能，mm		≤10.0		
毛细孔吸水率，$kg/(m^2 \cdot h^{0.5})$		≤0.50		
抗折强度，MPa		≥3.0	≥2.5	
抗压强度，MPa		≥10.0	≥5.0	
拉伸粘结强度，MPa	原强度	≥0.40		
	耐高温	≥0.30	≥0.25	
	耐冻融	≥0.30	≥0.25	
干燥收缩率，%		≤0.15		JGJ/T 70
氯离子含量，%		≤0.06		T/SBMIA 001—2021
抗水渗透性能*，MPa		由供需双方确定	—	JGJ/T 70
抗氯离子侵蚀性能*，C		由供需双方确定		T/SBMIA 001—2021

注：标记有“*”的性能指标，在非长期接触水分时不作要求；在长期接触水分时，可由供需双方协商确定具体要求。

3.0.2 拌合用水应符合现行行业标准《混凝土用水标准》JGJ 63 的规定。

3.0.3 防水砂浆的强度等级应为 M15 以上，其他性能应符合现行国家标准《预拌砂浆》GB/T 25181 的规定。

3.0.4 钢框架应由热浸镀锌材料制成。热浸镀锌材料应符合现行国家标准《金属覆盖层　钢铁制件热浸镀锌层　技术要求及试验方法》GB/T 13912 的规定。

3.0.5 钢筋网应符合下列规定：

1 宜采用光圆钢筋。光圆钢筋应符合现行国家标准《钢筋混凝土用钢　第 1 部分：热轧光圆钢筋》GB/T 1499.1 的规定。

2 封闭式山石专用钢筋网宜由低碳钢或热浸镀锌材料制成。低碳钢应符合现行国家标准《钢筋混凝土用钢　第 1 部分：热轧光圆钢筋》GB/T 1499.1 的规定，热浸镀锌材料应符合现行国家标准《金属覆盖层　钢铁制件热浸镀锌层　技术要求及试验方法》GB/T 13912 的规定。

3 非封闭式山石专用钢筋网应由低碳钢、热浸镀锌材料或 022Cr19Ni10 不锈钢制成。低碳钢应符合现行国家标准《钢筋混凝土用钢　第 1 部分：热轧光圆钢筋》GB/T 1499.1 的规定，热浸镀锌材料应符合现行国家标准《金属覆盖层　钢铁制件热浸镀锌层　技术要求及试验方法》GB/T 13912 的规定，022Cr19Ni10 不锈钢应符合现行国家标准《不锈钢丝》GB/T 4240 的规定。

4 水环境专用钢筋网应由 022Cr17Ni12Mo2 不锈钢制成。022Cr17Ni12Mo2 不锈钢应符合现行国家标准《不锈钢丝》GB/T 4240 的规定。

3.0.6 正面金属网应符合下列规定：

1 用于建筑装饰和封闭式山石时，正面金属网应由热浸镀锌材料或 022Cr19Ni10 不锈钢制成。热浸镀锌材料应符合现行国家标准《金属覆盖层　钢铁制件热浸镀锌层　技术要求及试验方法》GB/T 13912 的规定，022Cr19Ni10 不锈钢应符合现行国家标准《不锈钢丝》GB/T 4240 的规定。

2 用于水环境时，正面金属网应由 022Cr17Ni12Mo2 不锈钢制成。022Cr17Ni12Mo2 不锈钢应符合现行国家标准《不锈钢丝》GB/T 4240 的规定。

3.0.7 背面金属网应由 022Cr17Ni12Mo2 不锈钢钢板切割拉伸而成。022Cr17Ni12Mo2 不锈钢应符合现行国家标准《不锈钢丝》GB/T 4240 的规定。

3.0.8 用于具有透音要求的非封闭式山石的密目网应为不锈钢钢丝网。钢丝应为符合现行国家标准《不锈钢丝》GB/T 4240 规定的 06Cr17Ni12Mo2 不锈钢钢丝，钢丝直径应为 0.43 mm。

3.0.9 紧固件应符合下列规定：

1 紧固件一般由钢钉、螺丝和圆形垫片等组成。单个紧固件抗拉承载力标准值不应小于 0.6kN，测试方法按照现行行业标准《外墙保温用锚栓》JG/T 366 的规定进行。圆形垫片的直径应大于 14 mm。

2 与镀锌金属网接触的紧固件，应由低碳钢或热浸镀锌材料制成。低碳钢应符合现行国家标准《钢筋混凝土用钢　第 1 部分：热轧光圆钢筋》GB/T 1499.1 的规定，热浸镀锌材料应符合现行国家标准《金属覆盖层　钢铁制件热浸镀锌层　技术要求及试验方法》GB/T 13912 的规定。

3 与不锈钢金属网接触的紧固件，应由 06Cr19Ni10 不锈钢制成。06Cr19Ni10 不锈钢应符合现行国家标准《不锈钢丝》GB/T 4240 的规定。

3.0.10 扎丝应符合下列规定：

1 用于建筑装饰、封闭式山石和非封闭式山石时，扎丝应由热浸镀锌材料制成。热浸镀锌材料应符合现行国家标准《金属覆盖层　钢铁制件热浸镀锌层　技术要求及试验方法》GB/T 13912 的规定。

2 用于水环境时，扎丝应由 06Cr19Ni10 不锈钢制成。

06Cr19Ni10 不锈钢应符合现行国家标准《不锈钢丝》GB/T 4240 的规定。

3.0.11 马镫应符合下列规定：

1 马镫应由直径 3.5 mm 的钢材制成。

2 用于建筑装饰、封闭式山石和非封闭式山石时，马镫应由低碳钢或热浸镀锌材料制成。低碳钢应符合现行国家标准《钢筋混凝土用钢　第 1 部分：热轧光圆钢筋》GB/T 1499.1 的规定，热浸镀锌材料应符合现行国家标准《金属覆盖层　钢铁制件热浸镀锌层　技术要求及试验方法》GB/T 13912 的规定。

3 用于水环境时，马镫应由 022Cr19Ni10 不锈钢制成。022Cr19Ni10 不锈钢应符合现行国家标准《不锈钢丝》GB/T 4240 的规定。

3.0.12 耐候型密封胶应使用符合国家现行标准的产品。其中，聚氨酯建筑密封胶应符合现行行业标准《聚氨酯建筑密封胶》JC/T 482 的规定，中性硅酮建筑密封胶应符合现行国家标准《硅酮和改性硅酮建筑密封胶》GB/T 14683 的规定。

3.0.13 自愈性防水卷材宜使用符合现行国家标准《自粘聚合物改性沥青防水卷材》GB 23441 规定的自粘聚合物改性沥青防水卷材。选用无胎基自粘聚合物改性沥青防水卷材时，其物理力学性能应满足现行国家标准《自粘聚合物改性沥青防水卷材》GB 23441 规定的Ⅱ型产品要求。

3.0.14 FRP 材料应采用中碱玻璃纤维。FRP 布、FRP 筋和 FRP 角型材的性能应符合表 3.0.14 的规定。

表 3.0.14　FRP 布、FRP 筋和 FRP 角型材的性能要求

项目	指标			检测方法
	FRP 布	FRP 筋	FRP 角型材	
拉伸强度，MPa	≥1 500	≥300	≥210	FRP 布按照 GB/T 3354 检测 FRP 筋按照 GB/T 26743 检测 FRP 角型材按照 GB/T 1447 检测

续表3.0.14

项目	指标			检测方法
	FRP 布	FRP 筋	FRP 角型材	
抗剪强度,MPa	—	≥25	—	JG/T 406
断裂伸长率,%	≥2.0	≥3.1	—	FRP 布按照 GB/T 3354 检测 FRP 筋按照 GB/T 26743 检测

3.0.15 轻质混凝土应符合下列规定：

1 轻质混凝土的性能应符合现行行业标准《轻骨料混凝土应用技术标准》JGJ/T 12 的要求。

2 用于无腐蚀性静水环境的轻质混凝土，强度等级不应低于 LC25。

3 用于腐蚀性水环境或干湿交替环境的轻质混凝土，强度等级不应低于 LC30。

3.0.16 界面剂应符合现行行业标准《墙体用界面处理剂》JG/T 468 的规定，宜采用丁苯乳液界面剂。

4 设　计

4.1　一般规定

4.1.1　造型砂浆系统包括建筑装饰用造型砂浆系统、山石雕刻用造型砂浆系统和水环境用造型砂浆系统。

4.1.2　设计时，应根据实际造型需求和设计条件，选取相应的造型砂浆系统或系统组合，面层与基层应整体设计，确保造型工程结构安全。

4.2　建筑装饰用造型砂浆系统

4.2.1　建筑装饰用造型砂浆系统包括建筑立面装饰用造型砂浆系统和建筑吊顶装饰用造型砂浆系统。

4.2.2　建筑立面装饰用造型砂浆系统基本构造应符合表 4.2.2-1 的要求，建筑吊顶装饰用造型砂浆系统基本构造应符合表 4.2.2-2 的要求。

表 4.2.2-1　建筑立面装饰用造型砂浆系统基本构造

序号	基本构造	构造示意图
1	建筑立面墙体基层	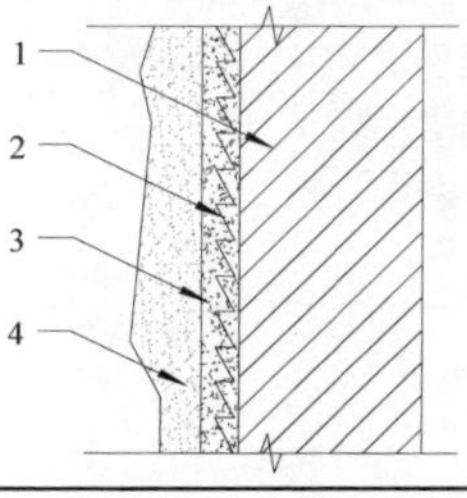
2	正面菱形金属网	
3	底层造型砂浆	
4	面层造型砂浆	

表 4.2.2-2　建筑吊顶装饰用造型砂浆系统基本构造

序号	基本构造	构造示意图
1	建筑吊顶或楼板基层	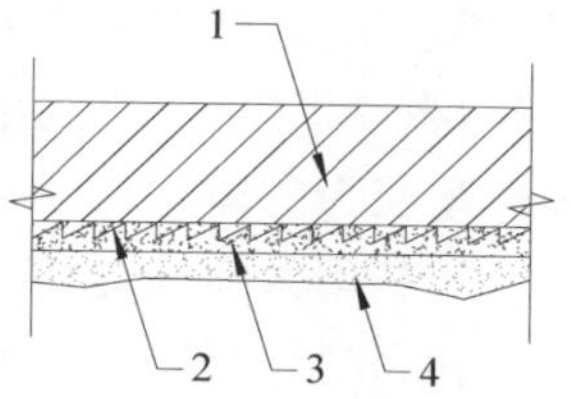
2	正面菱形金属网	
3	底层造型砂浆	
4	面层造型砂浆	

4.2.3　基层应符合下列规定：

1　基层宜为钢筋混凝土或钢龙骨水泥板系统，也可为砌体。但基层为砌体时，砌体材料不应采用加气混凝土、多孔砖、空心砌块或轻质板材。

2　基层为钢筋混凝土墙时，抗渗等级不应低于P6。

3　钢龙骨水泥板系统位于室外或有水室内环境时，水泥板外侧迎水面应铺设自愈性防水卷材。防水卷材的选用应符合3.0.13条的规定。

4　砌体基层应采用防水砂浆抹灰找平，并在挂网打钉处做好防水修补处理。

5　基层为加气混凝土、多孔砖、空心砌块或轻质板材时，应采用山石雕刻用造型砂浆系统构造，且钢框架应与地面或建筑主体结构可靠相连。

4.2.4　建筑装饰用正面菱形金属网应为每平方米大约14 000个菱形网眼的网板，菱形网眼规格宜为7 mm×12 mm；正面菱形金属网表面进行冲孔，冲孔点位中心距不宜大于400 mm；正面菱形金属网与基层表面的距离不应小于6 mm。正面菱形金属网单位面积质量不宜小于1.8 kg/m^2，金属网之间搭接宽度不应小于50 mm。位于水环境时，应选用水环境专用正面菱形金属网。

4.2.5 紧固件应符合下列规定：

1 应根据基层类型、保温层厚度、所处环境以及抗风压验算结果，选择合适品种及长度的紧固件。

2 基层为钢筋混凝土时，紧固件的间距不应大于 400 mm；金属网边缘或搭接处，应减小紧固件的间距，宜为 200 mm。

3 基层为砌体时，紧固件的间距不宜大于 150 mm。

4 应利用紧固件先将金属网固定在基层上，然后利用扎丝绑扎金属网和紧固件。紧固件与基层的界面处应进行防水修补处理。

5 紧固件的钉头应带有大于金属网网眼的圆形垫片。

4.2.6 底层造型砂浆的平均厚度不宜小于 15 mm，表面应进行拉毛处理。

4.2.7 面层造型砂浆宜符合下列规定：

1 内墙：砂浆平均厚度宜为 30 mm，不宜小于 15 mm，且不宜大于 40 mm。

2 外墙：砂浆平均厚度宜为 50 mm，不宜小于 25 mm，且不宜大于 65 mm。

3 吊顶：砂浆平均厚度宜为 15 mm，不宜小于 10 mm，且不宜大于 25 mm。

4.2.8 收边及洞口应符合下列规定：

1 收边条、接头配件和其他装饰条的尺寸型号应基于砂浆厚度确定。收边条应做到通长，洞口处可适当加长。

2 收边条应采用镀锌薄钢板或不锈钢，不应使用塑料或乙烯基饰条。

3 阳角及阴角宜采用镀锌金属网或镀锌钢折板进行加固。

4 窗台、檐口、装饰线、勒脚等外墙面凹凸部位应采用防水和排水构造。

5 外墙水平阳角处，顶面排水坡度不应小于 3%，并应设置滴水构造。

4.2.9 接缝构造应符合下列规定：

1 当大面积使用造型砂浆时，应在底层造型砂浆层设置伸缩缝。伸缩缝纵横间距不宜大于 6 m，伸缩缝宽度宜为 20 mm，并采用耐候型密封胶填充。面层造型砂浆宜结合其设计造型及肌理变化设置变形缝。

2 与其他建筑装饰材料交界处，应设伸缩缝，并采用耐候型密封胶填充。

3 门窗收口处，与门窗框间应留 6 mm～10 mm 的安装间隙，并采用耐候型密封胶填充。

4.3 山石雕刻用造型砂浆系统

4.3.1 山石雕刻用造型砂浆系统包括封闭式山石雕刻用造型砂浆系统和非封闭式山石雕刻用造型砂浆系统。其中，封闭式山石雕刻用造型砂浆系统包括无防水要求的常规型封闭式山石雕刻用造型砂浆系统和具有防水要求的防水型封闭式山石雕刻用造型砂浆系统。非封闭式山石雕刻用造型砂浆系统包括常规型非封闭式山石雕刻用造型砂浆系统、建筑立面用非封闭式山石雕刻用造型砂浆系统、具有吸声要求的非封闭式山石雕刻用造型砂浆系统和具有透音要求的非封闭式山石雕刻用造型砂浆系统。

4.3.2 封闭式山石雕刻用造型砂浆系统基本构造要求：

1 无防水要求的常规型封闭式山石雕刻用造型砂浆系统基本构造应符合表 4.3.2-1 的要求。

2 具有防水要求的防水型封闭式山石雕刻用造型砂浆系统基本构造应符合表 4.3.2-2 的要求。

表 4.3.2-1　封闭式山石雕刻用造型砂浆系统基本构造(常规型)

序号	基本构造	构造示意图
1	钢框架	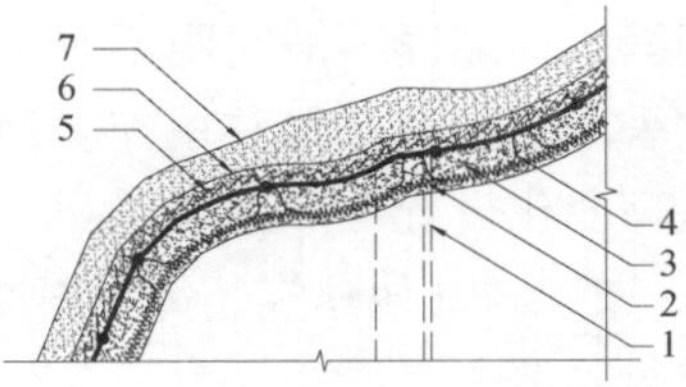
2	背面金属网	
3	底层造型砂浆(第一道)	
4	钢筋网＋马镫	
5	正面六角金属网	
6	底层造型砂浆(第二道)	
7	面层造型砂浆	

表 4.3.2-2　封闭式山石雕刻用造型砂浆系统基本构造(防水型)

序号	基本构造	构造示意图
1	钢框架	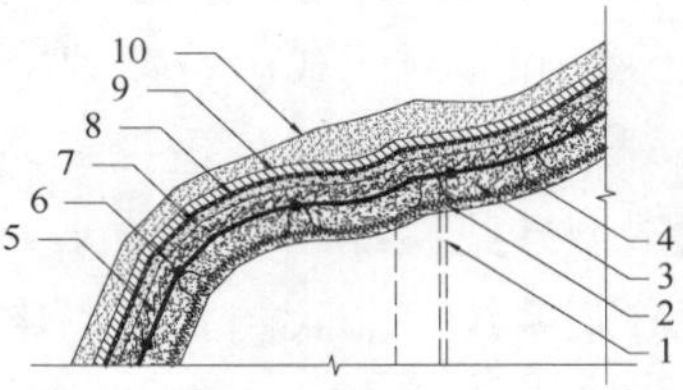
2	背面金属网	
3	底层造型砂浆(第一道)	
4	钢筋网＋马镫	
5	正面六角金属网	
6	底层造型砂浆(第二道)	
7	底层造型砂浆找平层	
8	防水涂层	
9	底层造型砂浆保护层	
10	面层造型砂浆	

4.3.3　非封闭式山石雕刻用造型砂浆系统基本构造要求：

1　常规型非封闭式山石雕刻用造型砂浆系统基本构造应符合表 4.3.3-1 的要求。

2　建筑立面用非封闭式山石雕刻用造型砂浆系统基本构造应符合表 4.3.3-2 的要求。

3　具有吸声要求的非封闭式山石雕刻用造型砂浆系统是在上述两种构造基础上选用具有相应吸声性能的造型砂浆产品。

4 具有透音要求的非封闭式山石雕刻用造型砂浆系统基本构造应符合表 4.3.3-3 的要求，面层造型砂浆应根据环境要求选用具有相应隔声性能的造型砂浆产品。

表 4.3.3-1　常规型非封闭式山石雕刻用造型砂浆系统基本构造

序号	基本构造	构造示意图
1	钢框架	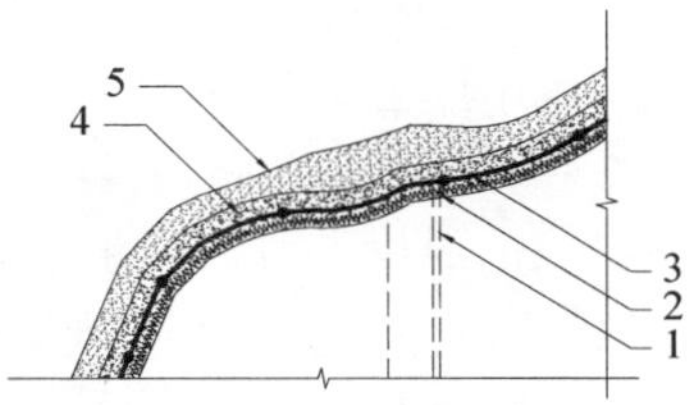
2	背面金属网	
3	钢筋网	
4	底层造型砂浆	
5	面层造型砂浆	

表 4.3.3-2　建筑立面用非封闭式山石雕刻用造型砂浆系统基本构造

序号	基本构造	构造示意图
1	建筑主体结构	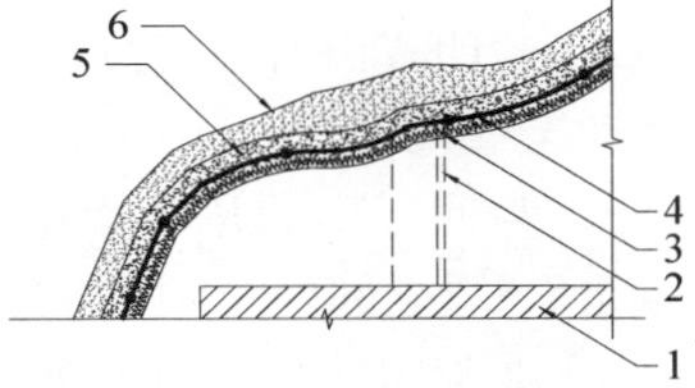
2	钢框架	
3	背面金属网	
4	钢筋网	
5	底层造型砂浆	
6	面层造型砂浆	

表 4.3.3-3　具有透音要求的非封闭式山石雕刻用造型砂浆系统基本构造

序号	基本构造	构造示意图
1	钢框架	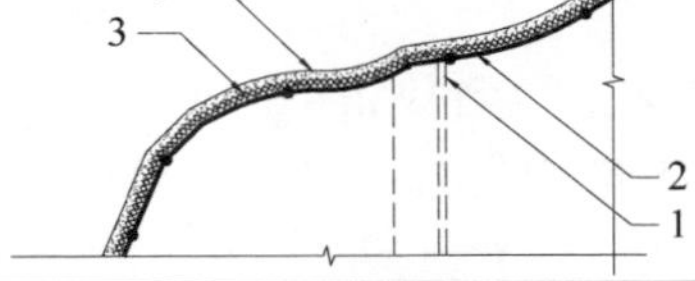
2	钢筋网	
3	密目网	
4	面层造型砂浆	

4.3.4 钢框架应符合 3.0.4 条的要求，应与山石主体结构稳固连接，并进行整体结构计算。结构计算应符合现行国家标准《建筑结构荷载规范》GB 50009、《建筑抗震设计规范》GB 50011、《钢结构设计标准》GB 50017 的相关规定。

4.3.5 钢筋网应符合下列规定：

1 封闭式山石雕刻用造型砂浆系统应采用封闭式山石专用钢筋网；非封闭式山石雕刻用造型砂浆系统应采用非封闭式山石专用钢筋网；位于水环境时，应采用水环境专用钢筋网。

2 钢筋网的钢筋直径不应小于 6 mm，周边钢筋直径不应小于 10 mm，纵横各方向间距不应大于 150 mm。

3 钢筋网之间的连接钢筋不应少于 2 根，直径不应小于 10 mm，长度不应小于 600 mm；在所有钢筋网的边筋十字连接处，应将连接钢筋与相近钢筋网边筋满焊固定。

4.3.6 金属网应符合下列规定：

1 正面金属网及背面金属网的选用应符合 3.0.6 条和 3.0.7 条的规定。

2 封闭式山石用正面金属网应为孔径规格 25 mm×25 mm 的六角金属网。

3 封闭式山石用背面金属网应为孔径规格 5 mm×5 mm 的菱形金属网。

4 非封闭式山石用正面金属网应为孔径规格 5 mm×7 mm 的菱形金属网，单位面积质量不宜小于 1.95 kg/m^2。

5 金属网端部的搭接长度不应小于 50 mm。

6 背面金属网的扎丝选用应符合 3.0.10 条的规定。扎丝固定间距不应大于 200 mm，且扎丝绑扎位置宜交错布置。

4.3.7 用于具有透音要求的非封闭山石的密目网应符合 3.0.8 条的规定。密目网的网孔尺寸应为 1.00 mm，开孔面积不应小于 48%。

4.3.8 马镫的选用应符合 3.0.11 条的规定；马镫的支撑脚间距宜为 150 mm。

4.3.9 所有外露金属应进行防腐防锈处理，宜采用镀锌处理；镀锌层应符合现行国家标准《连续热镀锌和锌合金镀层钢板及钢带》GB/T 2518 的规定。

4.3.10 底层造型砂浆的构造宜符合下列规定：

1 封闭式山石雕刻用底层造型砂浆应采用 2 道喷涂工艺。第一道造型砂浆厚度不宜小于 30 mm，喷涂应能完全密封钢筋背面，并喷涂到钢筋网的表面，进行拉毛处理。第二道造型砂浆厚度宜为 30 mm，并应进行拉毛处理。

2 非封闭山石雕刻用底层造型砂浆平均厚度不宜小于 15 mm，并应进行拉毛处理。

4.3.11 面层造型砂浆的构造宜符合下列规定：面层造型砂浆的平均厚度宜为 50 mm，厚度范围宜为 25 mm～65 mm，且局部区域最大厚度不宜大于 125 mm。

4.3.12 防水涂层材料宜为环氧树脂基防水材料；防水涂层表面应喷涂粒径 0.42 mm～0.85 mm 的石英砂；防水涂层外应涂抹防水砂浆保护层，其厚度不应小于 15 mm，并进行拉毛处理。

4.3.13 有隔音、吸声要求时，造型砂浆应采用含有蛭石或其他轻质多孔骨料的低密度砂浆。低密度砂浆的选用应参考造型工程音效专业设定的指标和砂浆供应方的建议。面层造型砂浆的最小厚度不应小于 12.5 mm，平均厚度宜为 25 mm。

4.4 水环境用造型砂浆系统

4.4.1 水环境用造型砂浆系统包括缸体内水下大造型、缸体内水下小造型和缸体内低水位造型。

4.4.2 水环境用造型砂浆系统的基本构造应符合表 4.4.2 的要求。

表 4.4.2　水环境用造型砂浆系统的基本构造

序号	基本构造	构造示意图
1	基层墙体(含防水构造)	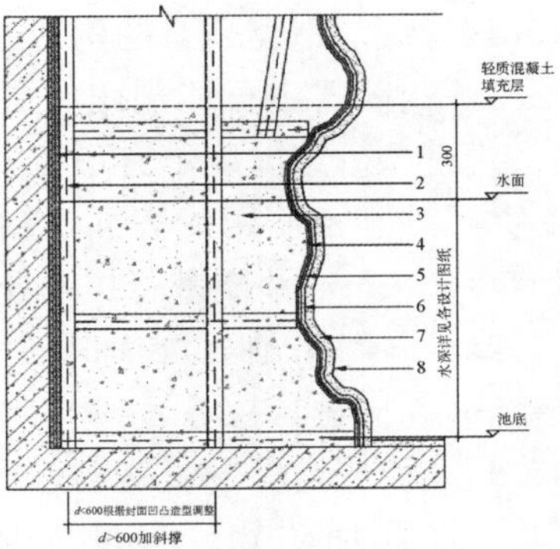
2	FRP 角型材或不锈钢型材	
3	轻质混凝土回填层	
4	尼龙棒	
5	FRP 布或 PVC 网格布	
6	底层造型砂浆	
7	面层造型砂浆	
8	主题上色漆(水性染色+保护漆)	

4.4.3　支撑造型的二次结构应使用 FRP 角型材或不锈钢材料。FRP 角型材应符合 3.0.14 条的规定,不锈钢材料应符合 3.0.5 条的规定。

4.4.4　缸体内水下大造型凸出墙面造型宜采用 50 mm×50 mm×5 mm 的 FRP 角型材作为骨架,超大造型骨架宜采用 100 mm×50 mm×5 mm 的 FRP 角型材;间距应为 600 mm×600 mm。

4.4.5　缸体内小造型凸出墙面造型宜采用 50 mm×50 mm×5 mm 的 FRP 角型材作为骨架,间距应为 600 mm×600 mm。

4.4.6　缸体内低水位造型凸出墙面造型宜采用 50 mm×50 mm×5 mm 的 FRP 角型材作为骨架,间距应为 600 mm×600 mm。

4.4.7　水下造型砂浆的支撑结构与底层造型砂浆之间的空隙层应采用符合 3.0.15 条规定的轻质混凝土填充密实,填充高度应超过水面以上 300 mm。

4.4.8　主题上色应采用水性染色系统,透明防水罩光漆覆盖表面 2 遍。

5 施　工

5.1 一般规定

5.1.1 施工前，应理解造型砂浆系统主题创意设计意图，按照设计文件及国家现行标准、规范编制专项深化设计文件和相关工艺流程，重点关键部位应明确特殊工艺要求。

5.1.2 造型砂浆的造型雕刻和主题上色应按照项目主题创意品质标准的相关要求编制专项施工方案。

5.1.3 造型砂浆的造型雕刻、主题上色的样板及培训应符合下列要求：

1 应为主题上色模型的制作、展示以及主题上色作业人员的培训、考核等，预留必要的场地、材料及其他需要的资源消耗。

2 应针对模型、材料样板和样板段的制作，编制相应的实施计划。

3 应进行样板制作，且经评审确认后，方可按照样板的质量标准进行施工。

5.1.4 工程施工所用各种材料应符合设计要求，并应有产品性能检测报告和产品合格证书。

5.1.5 施工前，施工人员应进行岗前培训。

5.1.6 施工过程中，应按规定进行施工记录。

5.1.7 施工现场质量管理应有相应的技术标准以及健全的质量管理体系、施工质量控制和质量检验制度。施工单位应建立各道工序的自检、互检和专职人员检验制度，并应有完整的施工检查记录。

5.1.8 施工现场应按照安全与环境要求做好下列措施：

1 施工现场应准备好所需材料；造型砂浆应在专用封闭仓库或柜式集装箱存储，所有材料均应按不同品种、规格、型号分别存储，并采取合理的防水、防潮、防火措施。

2 施工区域应做到安全用电，严禁堆放易燃、易爆物品，并备有灭火器材。施工现场的动火作业，必须根据不同动火作业等级制定施工方案，并执行审批制度。

3 施工期间，应采取防尘降尘措施，控制扬尘；应保持作业面清洁。

4 施工现场的造型砂浆混合搅拌区域应搭建防护棚，顶面采用防火油布覆盖，四周采用透明塑料网格布进行密闭围挡。可在防护棚内设置排风扇外排粉尘，并在排风口采用雾炮机进行降尘处理。

5 喷涂设备和空压机设备底部应采用接油盆盛接可能渗漏的机油。

6 造型砂浆搅拌机和喷涂设备产生的污水应经过三级沉淀后排放至指定的就近集水井。

5.1.9 造型砂浆施工与养护期间，环境温度宜为 5 ℃～35 ℃，且施工区域的空气能自由流通。应避免在温度剧烈变化情况下进行造型砂浆施工；如施工时遇到大风、雨雪天，应及时采取防风、防雨、防冻保温措施。

5.1.10 当风力大于 5 级时，应停止室外的喷涂作业。

5.1.11 造型砂浆层凝结硬化前，应避免磕碰、水冲雨淋及水中浸泡。

5.1.12 室外施工时，造型砂浆施工面应采取合理的防晒措施，避免阳光直射。室内施工时，应确保照明充足。

5.1.13 业主应指派 1 名现场艺术总监。现场艺术总监应随工程进度对工程进行检查，并在竣工时代表业主进行验收。工程每道工序完成后，需由现场艺术总监进行验收。

5.1.14 施工期间产生的建筑垃圾应存放在指定的封闭区域内，并由具备相应资质的单位进行运输和处理。

5.2 施工流程

5.2.1 建筑装饰用造型砂浆系统的施工流程包括：施工准备→样板制作→基层处理→金属网安装→造型砂浆抹灰前的检查→底层造型砂浆的抹灰施工→面层造型砂浆的抹灰施工与造型雕刻→面层造型砂浆受损部位的修补→二次塑形拉毛施工（仿木纹、一次喷浆厚度超过 50 mm 时）→养护→主题上色→成品保护。

5.2.2 山石雕刻用造型砂浆系统的施工流程包括：施工准备→样板制作→钢筋网的加工制作→钢筋网的安装→造型砂浆抹灰前的检查→第一道底层造型砂浆的抹灰施工→防水涂层的施工→第二道底层造型砂浆的抹灰施工→面层造型砂浆的抹灰施工与造型雕刻→面层造型砂浆受损部位的修补养护→主题上色→成品保护。

5.2.3 水环境用造型砂浆系统的施工流程包括：施工准备→样板制作→主体结构的施工（含防水）→钢筋网（尼龙棒）的制备与安装→施工前的准备→定位放线→二次支撑结构的制作与施工→底层造型砂浆的抹灰施工→面层造型砂浆的抹灰施工与造型雕刻→面层造型砂浆受损部位的修补→养护→空腔填充→主题上色→成品保护。

5.3 施工准备

5.3.1 施工人员应提前理解熟悉设计图纸，明确造型砂浆及其他材料的应用范围和类型。

5.3.2 应根据确定的施工方案，综合考虑各施工工序对雕刻饰面效果的影响，深化施工图，并应获得各方认可；根据施工方案和施工深化图，对施工人员进行针对性交底；施工人员应经过培训且考核合格。

5.3.3 应准备好搅拌机具、施工设备、模板以及养护所需物品，应对计量仪器设备进行校准。

5.3.4 应在专设的样板区或现场建造样板工程，并经有关各方确认后，方可进行工程施工。

5.3.5 基层应已验收合格并确认符合设计要求，无异物、灰尘、松动颗粒、油污沥青、防水剂、脱模剂和其他杂质等。

5.3.6 各种预埋件应已安装完成并通过验收。

5.4 样板制作

5.4.1 应针对每种肌理类型的雕刻饰面，在专设的样板区或施工现场进行建造完成样板，以供审查和验收使用。样板的养护和表面处理应符合相关规定。

5.4.2 样板的支撑系统以及造型砂浆系统样板肌理效果，应为实际工程的代表性区域。

5.4.3 样板所用的产品、材料、构造做法和工艺等，应与实际工程一致。

5.4.4 现场建造的所有样板应保留在现场原位，并为实际工程的组成部分。

5.4.5 各类型样板应包含相应类型实际工程中出现的所有接缝类型。

5.4.6 完工的样板应包括实际工程可能涉及的大小瑕疵的修补与修理。

5.4.7 每一件样板必须获得业主现场艺术总监的审批验收。

5.4.8 业主现场艺术总监应通过提供照片、说明和现场指导等方式，指导样板制作。

5.4.9 负责样板制作的艺匠人员，必须参与实际工程的建设。

5.4.10 审批验收后的样板将作为实际工程完工后的评判标准。

5.5 建筑装饰用造型砂浆系统的施工

5.5.1 基层处理应符合下列规定：

1 砌体基层应采用 M15 以上的防水砂浆抹灰找平，并养护至规定龄期。

2 钢龙骨水泥板系统基层位于室外或有水室内环境时，基层外侧迎水面应铺设自愈性防水卷材。防水卷材的选用应符合 3.0.13 条的规定。

3 基层表面应清洁干净；移除松散的颗粒、灰尘、水泥浆等，无油污、油脂、蜡和脱模剂等。

4 基层表面不应存在裂缝或缝隙；如存在裂缝或缝隙，应及时修补完整。

5 应移除基层表面凸起物，并对 5 mm 以上的凹陷进行填充，表面平整度应符合要求。

6 基层洒水润湿后的湿度应分布均匀，不得过干、不得有明水；砌体墙体基层的吸水深度宜为 8 mm～10 mm。

7 必要时，应使用合适的界面处理剂对基层墙体表面进行界面处理。

5.5.2 金属网安装应符合下列规定：

1 基层为钢筋混凝土时，应利用钢钉以气动或火药推压设备将金属网固定在钢筋混凝土基层上，固定点间距不应大于 400 mm。

2 基层为砌体时，应利用紧固件将钢筋网固定在基层上，然后利用扎丝绑扎金属网和钢筋网。紧固件与基层的界面处应进行合适的防水处理。固定点最大中心距离宜为 150 mm。

3 基层为钢龙骨水泥板系统时，应利用螺丝将金属网固定在钢龙骨水泥板上，固定点间距不得大于 400 mm。

4 金属网之间搭接宽度不应小于 50 mm；金属网端口应交错进行，避免同一条线上的连续搭接。

5 金属网的冲压斜口应朝上。

5.5.3 造型砂浆抹灰施工前的检查应符合下列规定：

1 造型砂浆抹灰施工前，应由业主、现场艺术总监、监理、承包商的项目经理和雕刻负责人一起参加抹灰前所有相关工作的审查，评估并确认外立面造型符合设计意图，确保在抹灰施工之前所有的初步工程已经根据指定的方式完成。

2 审查确认施工文件、施工方案、施工深化图、施工方法、材料、喷浆设备、雕刻工具、雕刻人员资质等施工准备符合技术要求。

3 检查所需材料、脚手架、设备、工具等已准备到位。

4 审查隐蔽工程的预埋安装工作已整合完成。

5 审查基层墙体和接缝处理已符合要求。

6 现场检查确认墙体表面无裂缝、缝隙、凸起、蜂窝、灰尘、松动颗粒、油污沥青、防水剂、脱模剂和其他杂质，表面平整度符合设计要求。

7 审查金属网的安装、搭接长度、固定件、牢固性、防腐处理等已符合设计要求。

8 现场检查确认固定在基层墙体上的金属网的平整度和牢固度、接缝和配件的位置符合设计要求。

9 审查所需的测试检验已完成，测试检验结果符合要求。

10 审查天气预报和应急处置程序，现场检查临时防护措施已准备到位。

11 审查并检查所有已完成工作面的成品保护情况符合要求。

5.5.4 底层造型砂浆的抹灰施工应符合下列规定：

1 应采取机械喷涂方式进行底层造型砂浆抹灰施工。

2 应采取机械拌合方式搅拌底层造型砂浆，搅拌时间不应少于 3 min；搅拌好后，宜静置 5 min。用水量应控制在材料供应方规定的用水量范围内，并可根据天气状况在规定范围内略作调整。

3 搅拌好的底层造型砂浆应在 60 min 内用完。搅拌好后放置超过 60 min 的未用完的底层造型砂浆，不得加水搅拌再次使用。

4 底层造型砂浆抹灰施工分为喷涂抹灰和拉毛处理两个步骤，拉毛处理应在喷涂抹灰 30 min 后进行。

5 喷涂抹灰时，利用机械喷涂设备将搅拌好的底层造型砂浆喷射在金属网上，然后用钢质抹刀抹平。抹平时，应用足够大的压力使底层造型砂浆完全嵌入金属网内，然后用抹刀压实，确保无孔隙或蜂窝。

6 喷涂抹灰压实后，底层造型砂浆超出金属网的厚度不应小于 8 mm，且砂浆表面应平整、标准。

7 拉毛处理时，用 8 mm 宽的拉毛器沿着底层造型砂浆表面水平地拉出 3 mm～4 mm 深的凹槽，形成拉毛层，以确保下一层造型砂浆能与该拉毛层紧密接合。

8 拉毛层完成并达到初凝后，应进行高湿养护 48 h 以上，并应至少养护 5 d。

9 底层造型砂浆层总厚度不宜小于 15 mm。

10 验收合格后，方可进行下一道工序施工。

5.5.5 面层造型砂浆的抹灰施工与造型雕刻应符合下列规定：

1 面层造型砂浆抹灰施工前，应对底层造型砂浆层表面通过喷洒方式进行适当的润湿处理，但不得有明水。

2 应采取机械喷涂方式进行面层造型砂浆抹灰施工。

3 应采取机械拌合方式搅拌面层造型砂浆，搅拌时间不应少于 3 min；搅拌好后，宜静置 5 min。用水量应控制在材料供应方规定的用水量范围内，并可根据天气状况在规定范围内略作调整。

4 搅拌好的面层造型砂浆应在 60 min 内用完。搅拌好后放置超过 60 min 的未用完的面层造型砂浆，不得加水搅拌再次使用。

5 机械喷涂施工时，将面层造型砂浆顺序喷涂在底层造型砂浆层上，并使用足够大的压力，使其与底层造型砂浆层紧密结合，形成最终的造型雕刻层。

6 应根据不同的肌理效果要求，喷涂合适厚度的面层造型砂浆，满足最终肌理效果的厚度要求。面层造型砂浆厚度宜为 25 mm～65 mm。

7 造型雕刻时，应根据各方审核通过的样板肌理及轮廓进行。

8 造型雕刻时，艺匠人员应根据面层造型砂浆凝结状况及业主现场艺术总监的肌理效果要求，布置相应的肌理轮廓，采用合理的造型技法进行雕刻塑形处理，使其与设计的样品肌理相符。

9 工艺缝应根据施工图纸进行预留设置，可根据现场雕刻肌理效果，隐藏在肌理缝隙中。工艺缝的设置必须由业主现场艺术总监进行现场指导。

10 造型雕刻时，艺匠人员应使用手工镘刀敷设颜色和纹理饰面材料，施以足够的压力，使之与底层造型砂浆层充分结合，并达到预期的艺术效果，且应与实体样板效果相符。

5.5.6 面层造型砂浆受损部位的修补应符合下列规定：

1 面层造型砂浆受损部位应及时修补或更换。

2 应将受损或者破碎的部位切除，并确保待修补部位的干净、洁净，满足修补要求。使用界面粘结剂以及与受损部位相同的材料和方法进行修补。修补后的部位应与邻近部位的平面、饰面和纹理相匹配，不得存在可见的接缝。

3 可使用柔性和可涂敷的密封剂产品对饰面涂层上的裂缝进行修补密封。修补前，应先涂一层面漆。肉眼不应观察到密封后的裂缝。

5.5.7 二次塑形拉毛施工(仿木纹、一次喷浆厚度超过 50 mm时)应符合下列规定:

1 仿木纹雕刻的面层造型砂浆厚度超过 15 mm 时,易产生裂缝,应进行二次塑形拉毛施工。二次塑形拉毛施工时,应使用同种的面层造型砂浆。

2 底层造型砂浆一次喷涂厚度超过 50 mm 时,也需用相同的底层造型砂浆进行二次塑形拉毛。

3 二次塑形拉毛施工参照 5.5.4 条规定的拉毛处理工艺。

5.5.8 养护应符合下列规定:

1 应在面层造型砂浆造型雕刻完成后 12 h 内进行覆盖和保湿养护。保湿养护时间不应少于 7 d;缓凝型面层造型砂浆层的保湿养护时间不宜少于 14 d。保湿养护期间,白天宜每 2 h 喷洒一次水,确保高湿度养护,并加盖湿润麻布避免阳光直射。

2 面层造型砂浆层的总养护时间不宜小于 28 d,应以其表面的 pH 值不大于 10 且含水率不大于 12%为准。

3 养护 7 d 内,环境温度宜保持在 5 ℃~35 ℃,并保持良好的空气流通。

4 当环境温度超过 35 ℃或直接暴露在阳光下时,应及时加盖湿润麻布,避免阳光直射。

5 日平均温度低于 5 ℃时,不得浇水养护。

6 冬季施工,应根据施工方案和天气条件采取相应的温度控制措施。

5.5.9 主题上色应符合下列规定:

1 应根据色彩方案图纸及业主现场艺术总监要求,进行主题上色。

2 主题上色前的面层造型砂浆层处理:应将面层造型砂浆表面的所有污染物清除干净。清理后,应对面层造型砂浆表面的瑕疵进行修补，以便与周围其他表面相匹配。喷涂封闭底漆前，面层造型砂浆应已养护 28 d 以上，且应测量面层造型砂浆表面的 pH 值和含水率。面层造型砂浆表面的 pH 值不大于 10 且含水率不大于 12%时，方可喷涂封闭底漆。

3 主题上色时的环境条件应满足下列要求：

1) 主题上色期间的温度宜为 10 ℃～35 ℃。

2) 当温度低于 5 ℃或空气湿度达到结露临界点时，不得进行上色。

3) 当面层造型砂浆表面温度超过 35 ℃时，应暂停上色。

4) 在潮湿或下雨天气期间，不得进行上色。当空气相对湿度大于 85%且预计温度将会下降时，不得上色。

4 主题上色工艺流程应符合下列要求：

1) 主题上色工艺流程包括：第一道封闭底漆→第二道抗碱底漆→两遍底色→主题油漆→罩面清漆。

2) 第一道：封闭底漆

面层造型砂浆层表面符合要求后，方可进行封闭底漆的喷涂。封闭底漆应采用渗透型墙面密封剂。用气体喷枪或无气喷涂机进行喷涂，喷涂厚度宜为 65 μm～75 μm。喷涂后，应保证喷涂面无遗漏。封闭底漆至少固化 4 h，且其表面完全结膜固化后，方可进行下一道喷涂作业。

3) 第二道：抗碱底漆

在封闭底漆层完全结膜固化后，方可进行抗碱底漆的喷涂。用气体喷枪或无气喷涂机进行喷涂，喷涂厚度宜为 40 μm～50 μm。喷涂后，应保证喷涂面无遗漏。抗碱底漆至少固化 4 h，且其表面完全结膜固化后，方可进行下一道喷涂作业。

4) 第三道：底色

在抗碱底漆层完全结膜固化后，方可进行底色的喷涂。

底色应采用丙烯酸涂料。用气体喷枪或无气喷涂机进行喷涂，喷涂 2 遍。喷涂后，应保证喷涂面无遗漏。底色至少固化 2 h，且其表面完全结膜固化后，方可进行下一道喷涂作业。

5）第四道：主题油漆

在底色完全结膜固化后，方可按设计创意意图进行主题油漆的涂刷施工。应根据设计创意意图，选择合适的主题上色技法。

6）第五道：罩面清漆

主题油漆验收通过后，方可进行罩面清漆的喷涂。罩面清漆喷涂前，应利用清水清洗主题油漆层的表面浮尘，且应确保主题油漆层完全干燥。用气体喷枪或无气喷涂机进行罩面清漆喷涂，喷涂 2 遍。罩面清漆厚度宜为 65 μm～100 μm。

7）上述步骤完成后，应及时做好主题上色的成品保护，避免发生污染、水冲刷、紫外线破坏等。

5.6 山石雕刻用造型砂浆系统的施工

5.6.1 钢筋网的加工制作应符合下列规定：

1 应基于业主审批通过的钢筋网模型生成的数字化生产数据进行深化设计，获得施工深化图。

2 钢筋网的周边钢筋宜采用直径 10 mm 的钢筋，其他钢筋宜采用直径 6 mm 的钢筋。

3 钢筋塑形前，应先进行钢筋折弯的调试，确认其塑形弯折角度的精度和准确性。

4 钢筋塑形时，应利用钢筋弯折机将盘筋先拉直、后弯折，以实现想要的形状和结构。

5 每根塑形完成的钢筋，应采用投影仪通过 1∶1 图形投影进行塑形弯折校对。应及时校正调整有误差的钢筋，保证钢筋塑形的精确度。

6 每根塑形钢筋宜在指定位置贴上二维码识别标签。

7 应根据每片钢筋网所需将塑形钢筋打包整理，每包应有此片钢筋网的尺寸、焊接方式等相关信息。

8 应根据施工深化图，复核焊接作业程序；应在钢筋焊接夹具笼中进行钢筋网焊接工作，钢筋焊接夹具笼四周需留有操作空间。钢筋焊接夹具笼四周及中间应按施工深化图设置 16 个控制点，保证焊接时钢筋网造型的准确度。

9 应利用电弧填角焊焊接弯筋的所有交叉点。焊点配置应满足施工深化图上的细部要求。

10 应根据施工深化图的要求，将金属马镫焊接到已成型的钢筋网上。宜采用点焊焊接，焊接点间距不应大于 50 mm。马镫焊接在钢筋网的背面时，焊接前应用三维图校对钢筋网的正反面，确保钢筋网正反面正确无误。焊点配置应满足施工深化图上的细部要求。金属马镫的高度应符合设计要求，一般为 25 mm～40 mm。

11 封闭式山石的钢筋网正面应绑扎孔径为 25 mm×25 mm 的正面六角金属网，钢筋网背面应绑扎孔径为 5 mm×5 mm 的背面菱形金属网。金属网应采用扎丝或 C 型枪进行绑扎固定，绑扎点间距不应大于 100 mm。扎丝选用应符合 3.0.10 条的规定。覆盖金属网前，应将钢筋网上焊接点的焊渣清除干净。

12 非封闭式山石的钢筋网正面应绑扎孔径为 5 mm×7 mm 的菱形金属网。金属网应采用扎丝或 C 型枪进行绑扎固定，绑扎点间距不应大于 100 mm。扎丝选用应符合 3.0.10 条的规定。覆盖金属网前，应将钢筋网上焊接点的焊渣清除干净。

13 钢筋网制作完成后，在转移前应由业主方验收通过。验收时，应再次确认钢筋网正反面正确无误。每片钢筋网正面的左上角须有该网片的相关信息，且应将相关证明资料用密封袋装好并牢固地绑扎在钢筋网上。

14 验收通过后，应将钢筋网从生产区转移至现场堆放区存储。存储时，钢筋网应按顺序摆放，能根据安装进度实现钢筋网按批次传递。室外存储时，钢筋网应存储在用脚手架搭设并用防火油布包裹的棚内。

5.6.2 钢筋网的安装应符合下列规定：

1 安装前，钢筋网的安装点位应由钢结构安装单位或第三方进行核对。应采用 GPS 全站仪对钢筋网安装点位进行复核。安装坐标点位水平等高线允许偏差应在±10 mm 以内，坐标点左右允许偏差应在±10 mm 以内。

2 钢筋网应从底部第一层交圈后交替往上安装。先定位 20 块～30 块钢筋网暂时固定到支撑结构安装定位点上，然后核对 BIM 模型，确定钢筋网位置、形状及相邻网片边筋，完全吻合后方可进行焊接。

3 钢筋网焊接在支撑结构上时，边筋之间应每 250 mm 满焊 50 mm，边筋与支撑结构连接部位应满焊。应根据钢筋网的材质特性，采用合适的焊接方法。

4 钢筋网焊接到支撑结构上之后，应在交叉点利用加强钢筋把钢筋网连接在一起。每个焊接处应采用与边筋同材质同直径的钢筋或采用与边筋同材质的直径为 10 mm 的钢筋进行加强。加强钢筋的搭接焊接长度不应小于 600 mm，加强钢筋与边筋、支撑结构的搭接处应满焊，搭接长度及焊接要求应符合施工深化图要求。安装完成后，应清理焊渣并检查焊接质量，修补支撑结构的防锈层。

5 钢筋网安装固定、焊接完成并通过验收后，应进行钢筋网接缝的四角金属背网及中间六角金属网的修补。金属网搭接长度不应小于 50 mm，所有侧面和端面的搭接均不应小于 50 mm。应尽可能在加强筋处搭接，四角背网应交错排列于钢筋网的端部，以避免同一支撑件位置的金属网连续搭接。采用 $16^{\#}$ 扎丝将背面金属网绑扎在马镫的支撑点上，绑扎点在各个方向上的中心间距不应大于 150 mm。

6 镀锌金属网修补时，应先用钢丝刷清扫，然后涂刷两层冷镀锌涂料。

5.6.3 造型砂浆抹灰施工前的检查应符合下列规定：

1 造型砂浆抹灰施工前的检查应按 5.5.3 条的规定进行。

2 应确认封闭式山石中钢筋网的砂浆保护层厚度满足设计要求。

3 应确认所有预留口均已得到合理处理，造型砂浆抹灰施工不会侵蚀游艺设施或操作设备外壳。

5.6.4 第一道底层造型砂浆的抹灰施工应符合下列规定：

1 第一道底层造型砂浆的抹灰施工应按 5.5.4 条的规定进行。

2 需做防水层的山石，底层造型砂浆喷涂面必须压实收光，不得进行拉毛施工。

3 抹灰厚度：

1）对于封闭式山石，第一道底层造型砂浆抹灰厚度一般不应小于 50 mm，钢筋网正面和背面的造型砂浆厚度分别不应小于 15 mm 和 35 mm。

2）对于非封闭式山石和有吸声要求的山石，第一道底层造型砂浆抹灰厚度不宜小于 15 mm。

5.6.5 防水涂层的施工应符合下列规定：

1 防水涂层施工前，第一道底层造型砂浆应已养护到位并验收合格，表面清洁、干净，且含水率不应大于 10%。

2 防水涂层宜采用环氧树脂防水涂层。

3 底层造型砂浆涂刷界面剂时，界面剂漆膜厚度应符合设计要求和产品技术要求。

4 界面剂干透后，用滚筒或刷子涂刷第一层环氧树脂防水涂层，厚度应符合设计要求和产品技术要求。

5 第一层环氧树脂防水涂层干透后，涂刷第二层环氧树脂防水涂层，厚度应为 180 μm～200 μm。

6 第二层环氧树脂防水涂层涂刷后，应在该防水涂层未结膜固化前，立刻用料斗式喷枪喷涂干净的石英砂，使之嵌入该防水涂层，嵌入深度宜为石英砂粒径的 2/3 左右。石英砂应喷涂均匀，密度宜为每平方厘米 15 粒左右；石英砂的粒径应为 0.42 mm～0.85 mm。

5.6.6 第二道底层造型砂浆的抹灰施工应符合下列规定：

1 应在防水涂层施工完毕并验收合格后，进行第二道底层造型砂浆的抹灰施工。

2 第二道底层造型砂浆的抹灰施工应按 5.5.4 条的规定进行，抹灰厚度不得大于 25 mm。

3 拉毛处理和养护应按照 5.5.4 条的规定进行。

4 验收合格后，方可进行面层造型砂浆喷涂抹灰与造型雕刻施工。

5.6.7 面层造型砂浆的抹灰施工与造型雕刻应符合下列规定：

1 面层造型砂浆的抹灰施工与造型雕刻应按 5.5.5 条的规定进行。

2 面层造型砂浆层的最小厚度不应小于 25 mm，局部最大厚度不应大于 125 mm，整体平均厚度宜为 50 mm 左右。

5.6.8 面层造型砂浆受损部位的修补应按 5.5.6 条的规定进行。

5.6.9 养护应按 5.5.8 条的规定进行。

5.6.10 主题上色应按 5.5.9 条的规定进行。

5.7 水环境用造型砂浆系统的施工

5.7.1 主体结构应由专业结构施工单位施工完成。

5.7.2 钢筋网的制备与安装应按 5.6 节的规定进行。

5.7.3 施工前的准备应符合下列规定：

1　应根据设计要求和造型砂浆系统特点，在满足结构计算要求下设置支撑系统与主体结构之间的连接处；应做好连接处的防水层处理，并在防水工程完成前做好连接处的结构预埋作业。

2　任何支撑系统不得破坏防水层。

3　在结构预埋及防水工程完成且防水处理确认合格前，不得进行造型砂浆的施工。

5.7.4　定位放线应符合下列规定：

1　根据设计图，进行计量、测定、确定定位原点，选择放线原点。

2　采用激光水准仪定位法，标出实际标高定位。

3　根据造型设计以及预埋支撑系统的设置，以实际发生的尺寸分配定位放线。

5.7.5　二次支撑结构的制作与施工应符合下列规定：

1　根据二次支撑结构其及与主体结构连接预埋设置情况，应选用由 FRP 角型材、尼龙棒及 PVC 网组成的 FRP 角型材支撑系统或不锈钢材质支撑系统。

2　FRP 角型材支撑系统的制作和施工要点应符合下列规定：

1）选择合适的 FRP 角型材，设置不同间距作为骨架。

2）FRP 型材造型骨架：高度 1.8 m 以下的部位，FRP 筋纵横向的间隔和绑扎应为 200 mm×200 mm；高度 1.8 m 以上的部位，FRP 筋纵横向的间隔和绑扎可根据实际需求，在 200 mm～250 mm 范围内调整。

3）FRP 型材搭接：搭接点的强度不得低于 FRP 型材强度，不得在最大受拉点搭接。FRP 型材横竖搭接时，应保证 FRP 型材之间的间距相同；如无法做到间距相同，应采取可靠的机械锚固措施，且 FRP 型材锚固长度不应小于 600 mm。搭接用 FRP 布的性能应符合 3.0.14 条的规定。

3 不锈钢材质支撑系统的制作和施工应按 5.6.1 条和 5.6.2 条的规定进行。

5.7.6 底层造型砂浆的抹灰施工应符合下列规定：

1 底层造型砂浆的抹灰施工应按 5.5.4 条的规定进行。

2 涉及海水环境动物安全要求时，宜选用海水环境动物安全专用的底层造型砂浆产品。

5.7.7 面层造型砂浆的抹灰施工与造型雕刻应符合下列规定：

1 面层造型砂浆的抹灰施工与造型雕刻应按 5.5.5 条的规定进行。

2 涉及海水环境动物安全要求时，宜选用海水环境动物安全专用的面层造型砂浆产品。

5.7.8 面层造型砂浆受损部位的修补应按 5.5.6 条的规定进行。

5.7.9 养护应按 5.5.8 条的规定进行。

5.7.10 空腔填充应符合下列规定：

1 造型砂浆完成面以内形成的空腔，应按照设计要求选用轻质混凝土填充密实。

2 轻质混凝土浇筑时，应确保空腔内清理干净，并为相对密闭空间，不得使轻质混凝土从漏缝处外溢污染装饰面。

3 应控制好浇筑速度，避免产生空洞。每天浇筑高度不宜超过 50 cm。

5.7.11 主题上色应按 5.5.9 条的规定进行。

5.8 成品保护

5.8.1 下一道工序施工时，必须保护好上一道工序。

5.8.2 交叉施工作业必须提前申请。申请通过后且在交叉施工作业前，应采取合理措施，避免已完成的工序和工程受到后续施工活动的损害。

5.8.3 成品保护应采取盖、遮、围、堵、包、绑等措施。

5.8.4 施工现场应搭设脚手架防护，顶面宜采用透明塑料布遮盖。主题上色时，脚手架架体四周应采用透明塑料布进行密闭围挡。

5.8.5 网片安装时，应确保每个焊接点位采用接火盘，焊接点2 m范围内的成品应采用防火油布及防火毯进行覆盖。

5.8.6 造型砂浆喷涂施工前，应采取下列保护措施：

1 应采用防火油布对山石背面进行封闭式覆盖保护。

2 应采用自粘塑料保护膜对已安装的设备进行全封闭保护。

3 应采用自粘塑料保护膜对尚未喷涂的表面区域进行保护。

4 应采用自粘塑料保护膜对附近已完成的雕刻面进行保护，保护宽度不宜小于1 m。

5.8.7 造型砂浆在造型雕刻过程中产生的砂浆垃圾，应在其初凝前及时进行清理，做好落手清工作；造型雕刻完工后，应及时清除收边条、准条、底层、边饰和相邻工程上多余的砂浆，保证清洁干净。

5.8.8 造型砂浆层施工完成后，在凝结前应防止快干、水冲、振动、撞击和受冻，在凝结后应采取措施防止沾污和损坏。应按照养护要求及时做好养护。

5.8.9 造型砂浆在当天造型雕刻完成后，应拆除附近造型雕刻完成面的塑料保护膜，并用高压水枪对造型雕刻面交接处进行冲洗；水压不宜过大，防止对已完成的造型雕刻面造成损害。

5.8.10 主题上色前，应采取下列保护措施：

1 应采用自粘塑料保护膜对已完成的成品和半成品进行保护。

2 应采用自粘塑料保护膜对设备进行全封闭保护，并应在自粘塑料保护膜外用防火油布进行包裹覆盖。

3 应采用高压水枪对脚手架架体进行全面清理。

4 如周边有交叉作业或有扬尘，上色区域必须采用密封式防护棚进行封闭。

5.8.11 主题上色时，应采用防渗漏托盘；施工过程中油漆、涂料必须放在托盘上。

5.8.12 施工平台需拆除切割时，应采用防火布对切割点四周的造型砂浆系统完成面进行保护。

5.8.13 刚施工完成的底层造型砂浆层、面层造型砂浆层、主题上色层应设置隔离路障，或者采用其他方式进行隔离。

6 质量检验与验收

6.1 一般规定

6.1.1 造型砂浆系统施工质量验收应结合总的建设项目质量管理和验收要求划分分部工程、分项工程和相应的检验批次。结合造型砂浆的造型和肌理设计合理划分验收分区。项目开工前，质量检验和验收计划中应明确分区并经业主审批同意。

6.1.2 造型砂浆系统施工质量验收应符合现行国家标准《建筑工程施工质量验收统一标准》GB 50300 的有关规定。

6.1.3 造型砂浆系统施工前，应对主结构、次结构进行质量验收，并应符合现行国家标准《混凝土结构工程施工质量验收规范》GB 50204 和《钢结构工程施工质量验收标准》GB 50205 的有关规定。

6.1.4 造型砂浆系统施工前，应对基层进行质量验收，并应符合现行国家标准《地下防水工程质量验收规范》GB 50208 和《建筑装饰装修工程质量验收标准》GB 50210 的有关规定。

6.1.5 钢筋网施工质量验收应符合现行国家标准《混凝土结构工程施工质量验收规范》GB 50204 的有关规定，有防腐要求时，还应符合现行国家标准《钢结构工程施工质量验收标准》GB 50205 的有关规定。

6.1.6 造型砂浆系统施工质量验收时，应检查下列文件和记录：

1 施工图、设计说明及其他有关设计文件。

2 材料的产品合格证书、性能检验报告、产品使用说明文件、进场验收记录和复验报告。

1）应对材料的品种、规格、包装、外观和尺寸进行检查验收，并应形成相应的验收记录。

2）应对材料的质量证明文件进行核查确认，纳入工程技术档案。进入施工现场的造型砂浆系统组成材料应具备出厂合格证、说明书及相关性能型式检测报告。

3 隐蔽工程验收记录：

1）造型砂浆系统施工过程中，应进行质量检查、隐蔽工程验收和检验批验收，施工完成后应进行分项工程验收。应有详细的文字记录和图像资料。

2）每道施工工序属于隐蔽工程，应在施工质量验收后，方可进行下一道工序作业。

4 施工记录：施工记录应有详细的文字记录和图像资料。

6.1.7 造型砂浆系统施工质量验收检验批的划分应符合下列规定：

1 相同材料、工艺和施工条件的工程，应每 500 m^2 划分为 1 个检验批，不足 500 m^2 时也应划分为 1 个检验批；也可按不同主题场景划分检验批。

2 每个检验批应至少检查 1 处，每处不得小于 10 m^2。

6.2 主控项目

6.2.1 造型砂浆系统组成材料的性能应满足设计要求并符合国家现行标准和本规程第 3 章的有关规定。

检验方法：核查产品合格证、型式检验报告、出厂检验报告和进场复检报告。

检验数量：按进场批次全数检查。

6.2.2 造型砂浆系统组成材料的品种、规格应符合设计文件和本规程第 3 章的有关规定。

检验方法：观察、量尺检查；核查质量证明文件。

检验数量：按进场批次，每批随机抽取3个试样进行检查；质量证明文件按进场批次全数检查。

6.2.3 造型砂浆系统的底层造型砂浆、面层造型砂浆、防水砂浆、钢筋、马镫、扎丝、FRP布、FRP筋、FRP角型材，以及空腔回填用的轻质混凝土，其复验项目应符合表6.2.3的规定。

表6.2.3 造型砂浆系统主要组成材料及回填用轻质混凝土的进场复验项目

材料名称	复验项目
底层造型砂浆	保水率、抗折强度、抗压强度、拉伸粘结原强度
面层造型砂浆	保水率、抗折强度、抗压强度、拉伸粘结原强度
防水砂浆	抗压强度、抗渗性
钢筋、马镫、扎丝	直径、拉伸性能
FRP布	抗拉强度、断裂伸长率
FRP筋	抗拉强度、抗剪强度、断裂伸长率
FRP角型材	抗拉强度
轻质混凝土	体积密度、抗压强度

检验方法：随机抽样送检，核查进场复验报告。

检验数量：造型工程中，同一厂家同一品种的产品，当单位工程面积在2 000 m^2以下时，各抽查不少于1次；当单位工程面积不小于2 000 m^2且小于5 000 m^2时，各抽查不少于2次；当单位工程面积不小于5 000 m^2且小于10 000 m^2时，各抽查不少于3次；当单位工程面积在10 000 m^2以上时，各抽查不少于6次。

6.2.4 钢筋网的形状、钢筋塑形弯折精度、焊接点准确性、焊点间距、正反面的正确性、金属马镫高度与位置、网孔大小等应符合设计要求。

检验方法：对照设计、施工深化图和施工方案观察检查；核查钢筋网的设计图、制作加工记录、二维码识别标签等文件。

检验数量：按进场批次全数检查。

6.2.5 造型工程施工前，应按设计要求和施工方案对基层进行处理，处理后的基层应符合施工要求。

检验方法：对照设计、施工深化图和施工方案观察检查，钢直尺测量；核查基层处理验收记录以及施工记录、施工图片、施工录像等。

检验数量：每 100 m^2 抽查 1 处，每处不少于 10 m^2。

6.2.6 造型工程各层构造做法应符合设计要求，并应按施工方案施工。

检验方法：对照设计、施工深化图和施工方案观察检查；核查各层构造做法验收记录。

检验数量：每检验批不同构造做法各抽查 3 处。

6.2.7 钢筋网安装工程质量应符合设计要求，并应按施工方案施工。

检验方法：对照设计、施工深化图、施工方案和施工图设计说明及其他设计文件观察检查；核查钢筋网制作与安装工程验收记录、施工记录、施工录像等。

检验数量：每 100 m^2 抽查 1 处，每处不少于 10 m^2。

6.2.8 金属网安装工程质量应符合设计要求，并应按施工方案施工。

检验方法：对照设计、施工深化图、施工方案和施工图设计说明及其他设计文件观察检查；核查金属网安装工程验收记录、施工记录、施工录像等。

检验数量：每 100 m^2 抽查 1 处，每处不少于 10 m^2。

6.2.9 底层造型砂浆层施工质量应符合设计要求，并应按施工方案施工。

检验方法：对照设计、施工深化图、施工方案和施工图设计说明及其他设计文件观察检查，小锤轻击检查，钢插片、钢直尺测量；核查底层造型砂浆层质量验收记录、施工记录、施工录像等。

检验数量：每 100 m^2 抽查 1 处，每处不少于 10 m^2。

6.2.10 防水涂层施工质量应符合设计要求，并应按施工方案施工。

检验方法：对照设计、施工深化图、施工方案和施工图设计说明及其他设计文件观察检查；核查防水涂层质量验收记录、施工记录、施工录像等。

检验数量：每 100 m^2 抽查 1 处，每处不少于 10 m^2。

6.2.11 面层造型砂浆层施工质量应符合设计要求，并应按施工方案施工。

检验方法：对照设计、施工深化图、施工方案和施工图设计说明及其他设计文件观察检查，小锤轻击检查，钢插片、钢直尺测量；核查面层造型砂浆层质量验收记录、施工记录、施工录像等。

检验数量：每 100 m^2 抽查 1 处，每处不少于 10 m^2。

6.2.12 主题上色层施工质量应符合设计要求，并应按施工方案施工。

检验方法：对照设计、施工深化图、施工方案和施工图设计说明及其他设计文件观察检查；核查主题上色层质量验收记录、施工记录、施工录像等。

检验数量：每 100 m^2 抽查 1 处，每处不少于 10 m^2。

6.2.13 底层造型砂浆、面层造型砂浆应在施工现场制作同条件养护试件，并应检测其抗折强度和抗压强度。同条件养护试件应见证取样送检。

检验方法：核查检验报告。

检验数量：相同材料、工艺和施工条件的主题抹灰工程，每个检验批抽样制作同条件养护试件 1 组，且每项工程不得少于 2 组。

6.2.14 造型砂浆层抹灰施工时的基层含水率应符合设计及产品使用说明书要求，界面处理应符合设计要求。

检验方法：检查施工记录。

检验数量：每 10 m^2 抽查 1 处。

6.2.15 面层造型砂浆层的造型、图案、纹理制作应符合创意、设计要求。

检验方法：观察检查。

检验数量：全数检查。

6.2.16 面层造型砂浆层与主题上色层之间粘结必须牢固，面层造型砂浆层应无脱层、空鼓，表面无裂缝。

检验方法：观察检查；用小锤轻击检查；检查施工记录。

检验数量：每 10 m^2 抽查 1 处。

6.3 一般项目

6.3.1 造型砂浆系统的每种组成材料应由相应的同一生产厂家提供。

检验方法：观察检查；核查产品合格证、质量证明文件。

检验数量：全数检查。

6.3.2 钢筋网的焊工应已通过现行行业标准《建筑钢结构焊接技术规程》JGJ 81 规定的测试，并取得相应的资质证书。

检验方法：核查资质证书。

检验数量：全数检查。

6.3.3 钢筋网的焊接点应符合设计要求，并按施工方案施工。

检验方法：对照设计、施工深化图、施工方案和施工图设计说明及其他设计文件观察检查，必要时进行 X 线检查；核查施工记录、施工录像等。

检验数量：每检验批随机抽取 25%的组件。

6.3.4 基层在不同材质交接处的开裂预防措施应符合设计要求，混凝土基层表面的界面剂处理过程和处理效果应符合设计要求。

检验方法：对照设计、施工深化图、施工方案和施工图设计说明及其他设计文件观察检查；核查施工记录、施工录像等。

检验数量：每 100 m^2 抽查 1 处，每处不少于 10 m^2。

6.3.5 钢筋网安装工程质量验收时，应检查辅助支撑钢架和其他支撑框架的安装质量，用全站仪确认连接片节点位置正确，在安装金属板条和抹灰施工前检查辅助钢框架构件的安装质量；检查钢架与扎网之间的支撑应符合设计要求。

检验方法：对照设计、施工深化图、施工方案和施工图设计说明及其他设计文件观察检查；核查施工记录、施工录像等。

检验数量：每 100 m^2 抽查 1 处，每处不少于 10 m^2。

6.3.6 面层造型砂浆层表面应洁净、纹理清晰，外观无掉渣、接搓痕迹。

检验方法：观察检查。

检验数量：每 100 m^2 抽查 1 处，每处不少于 10 m^2。

6.3.7 面层造型砂浆层外观、造型应符合设计要求。

检验方法：对比、观察检查。

检验数量：全数检查。

6.3.8 面层造型砂浆层厚度应符合设计要求。

检验方法：检查施工记录；尺量检查。

检验数量：每 100 m^2 抽查 3 处。

6.3.9 面层造型砂浆雕刻抹灰前，应将表面的尘土、污垢、油渍等清除干净；抹灰后表面应洁净、接槎平整、无抹纹。

检验方法：观察检查；手摸检查。

检验数量：全数检查。

6.3.10 造型砂浆层总厚度应符合设计要求。

检验方法：检查施工记录。

检验数量：每 100 m^2 抽查 3 处。

6.3.11 阴角、阳角、护角、空洞、槽、盒周围的装饰抹灰应平顺、自然过渡，同主题风格、创意要求和谐、匹配。

检验方法：观察检查。

检验数量：全数检查。

附录A　施工设备与施工工具

（资料性附录）

A. 0. 1　机械设备

1　用于钢筋、钢筋网、金属网等的加工处理设备，主要包括钢筋塑形弯折设备、电焊机、切割机、C型枪等。

2　用于造型砂浆抹灰施工设备，主要包括搅拌机、喷涂设备、空气压缩机、高压水枪等。

A. 0. 2　施工工具

1　抹灰工具主要包括鸭嘴抹灰刀、方头抹灰刀、尖头抹灰刀、抹灰板、扣缝刀、勾缝刀、拉毛器、灰板挤浆袋、刮刀等。抹灰工具的外形、尺寸及用途如表A.0.2所示。

2　立面塑形雕刻工具分为A、B、C三种，其外形、尺寸及用途如表A.0.2所示。

3　立面纹理雕刻工具包括钢丝刷、大黄刷、无柄尼龙白刷、雕刻塑形铲刀等，其外形、尺寸及用途如表A.0.2所示。

4　细节处理及清洗设备包括空压机、高压水枪和气动吹尘枪，其外形及用途如表A.0.2所示。

表 A. 0. 2　施工工具的基本信息

名称	外形	尺寸	用途
鸭嘴抹灰刀	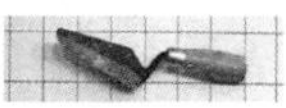	254 mm×51 mm	立面抹灰塑形
小鸭嘴抹灰刀		140 mm×48 mm	立面抹灰塑形
方头抹灰刀		203 mm×51 mm	立面抹灰塑形

续表A. 0. 2

名称	外形	尺寸	用途
小方头抹灰刀		127 mm×51 mm	立面抹灰塑形
尖头抹灰刀		114 mm×57 mm	立面抹灰塑形
抹灰板	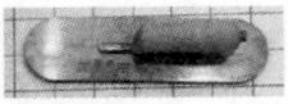	305 mm×89 mm	立面抹灰塑形
扣缝刀		172 mm×10 mm	立面扣缝勾灰
勾缝刀		—	立面抹灰勾缝
拉毛器		203 mm	立面拉毛
灰板		380 mm×300 mm	立面抹灰
挤浆袋		—	防石防砖填缝
刮刀		—	火山肌理雕刻
雕刻塑形工具 A	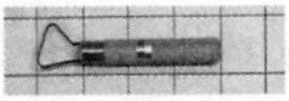	—	立面塑形雕刻
雕刻塑形工具 B	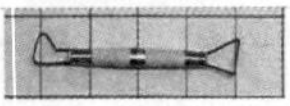	—	立面塑形雕刻
雕刻塑形工具 C		—	立面塑形雕刻
钢丝刷	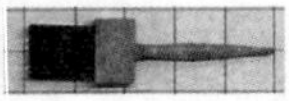	—	立面砸肌理

续表A. 0. 2

名称	外形	尺寸	用途
大黄刷		149 mm×76 mm	立面砸肌理
无柄尼龙白刷		—	立面砸肌理
雕刻塑形铲刀		10 mm×216 mm	木纹、金属纹理
棕毛刷		—	立面砸肌理
小锤		—	金属肌理
毛刷		—	金属、树皮肌理
空压机		—	立面细节处理
高压水枪		—	立面清洗及 细节处理
气动吹尘枪		—	浮灰及杂质清洗

附录B　艺匠人员要求

（资料性附录）

B.0.1　造型雕刻和主题喷涂的艺匠人员应经过必要的培训并考核通过，且获得业主的批准认可。

B.0.2　艺匠人员应具备完成期望饰面效果的必要技能，具有良好的雕塑艺术造型功底，熟悉造型砂浆的造型雕刻制作流程及工艺。

B.0.3　在派到施工现场工作前，每名艺匠人员均应经过技艺水平的测验和评估，并分配适合其技能等级的工作。

B.0.4　施工过程中，不得随意更换艺匠人员。

B.0.5　应根据项目施工计划，确保足够数量的合格的艺匠人员。

B.0.6　每名艺匠在项目造型施工前，应现场制作1块样品，并获得业主现场艺术总监的认可。在现场样品制作过程中，业主现场艺术总监应对艺匠进行培训和指导。

附录C　造型技法

（资料性附录）

C.0.1　造型砂浆的造型技法包括但不限于仿木纹、仿砖、仿石、仿金属、仿火山石、仿火山岩、仿树藤、仿泥石、仿沙滩、仿抹灰、仿钟乳石、仿瓦以及其他各种纹理肌理表现形式。

C.0.2　仿木纹造型技法：

1　用方头抹灰刀抹出所需表面。

2　用不同规格的无柄尼龙白刷刷出相应的木纹肌理。

3　用雕刻塑形铲刀刻划出裂纹枝结。

4　用棕毛刷处理出木纹肌理细腻效果和木纹肌理风化效果。

C.0.3　仿砖造型技法：

1　用方头抹灰刀抹出所需表面，用雕刻塑形铲刀划出砖的模数，用勾缝刀勾出砖缝。

2　用大黄刷砸出毛面肌理，用方头抹灰刀及棕毛刷抹刷出光面肌理。

3　用挤浆袋挤出砂浆进行砖缝勾缝，应使砖缝勾缝呈现为砂浆在砌砖时被挤压出的工艺细节效果。

C.0.4　仿石造型技法：

1　用尖头抹灰刀塑出石头墙面的石头之间相互砌筑结构关系效果以及石头大小穿插垒砌效果。

2　用大黄刷或无柄尼龙白刷砸出不同肌理分布，较大的肌理表面撒上水泥和黄沙。

3　用尖头抹灰刀逐一雕刻石头的边角和表面，做出表面剥落效果和石头裂缝效果，并用雕刻塑形铲刀做出孔洞和小光面。

4 用勾缝刀和雕刻塑形铲刀将裂缝处理得疏密得当，表现出石头墙裂缝的垒砌承重感。

5 造型砂浆表干后，用无柄尼龙白刷或大黄刷再砸一遍肌理，实现石头的层次、大小及肌理的合理区分。

C.0.5 仿金属造型技法：

1 用方头抹灰刀将造型砂浆抹出仿金属造型，用雕刻塑形铲刀将表面收平。

2 当用手按不动且未完全硬化后撒上造型砂浆粉料，用无柄尼龙白刷反复刷几次，再用小方头抹灰刀反复碾压几次，直至表面有金属质感。

3 用小锤轻轻、有序地敲打表面，营造出原始铁器手工感。

4 撒上造型砂浆粉料，用无柄尼龙白刷刷一遍，去除毛刺瑕疵并清理干净。

C.0.6 仿火山石造型技法：

1 用钢筋焊出石头的造型，在底层造型砂浆表面覆盖钢丝网做封装，用方头抹灰刀将面层造型砂浆层抹出石头造型。

2 用无柄尼龙白刷斜向刷出石头表面线条纹理，再用水泥或造型砂浆粉料撒在表面做粗糙肌理。

3 将浸水后的黄沙均匀撒在肌理表面做石头的气孔，大小不一的黄沙颗粒应分布均匀。

4 用尖头抹灰刀雕刻出石头裂纹，用刮刀将石头形体处理清晰。

5 用无柄尼龙白刷砸出石头表面不同大小颗粒肌理，营造出反复多变的效果，用棕毛刷扫出光面部分并整体清理一遍。

6 用雕刻塑形铲刀雕出石头的边角崩落。

7 面层造型砂浆硬化后，用水将黄沙冲洗干净。

C.0.7 仿火山岩造型技法：

1 用钢筋焊出火山岩层的层次造型，在底层造型砂浆表面覆盖钢丝网做封装，用方头抹灰刀将面层造型砂浆层塑出岩浆流动造型。

2 用塑料膜有层次地敷在面层造型砂浆表面，用雕刻塑形铲刀将薄膜上的痕迹压印在面层造型砂浆表面。

3 塑料膜拿掉后，用刮刀刮出大的孔洞和分层，填上黄沙做出风化感，再用尖头抹灰刀雕刻出裂缝和大型剥落，用无柄尼龙白刷砸出肌理，实现火山岩具有对比较大的肌理，体现出粗犷感。

4 用刮刀有序地掏出大的孔洞和风化层，用无柄尼龙白刷扫一遍使局部更有风化感。

5 面层造型砂浆硬化后，用水将黄沙和表面杂质冲洗干净。

C.0.8 仿树藤造型技法：

1 用钢筋焊出树藤的缠绕扭曲造型，附上钢丝网。

2 第一遍底层造型砂浆硬化后，用雕刻塑形铲刀塑出表面木纹造型，木纹应根据树藤的扭动来造型，用不同大小规格的毛刷顺着树藤走向刷出木纹和树节。

3 表面用造型砂浆加干灰贴出树皮，用雕刻塑形铲刀雕刻出树皮的脱层和裂纹。

4 更细小之处应用可雕刻环氧树脂加麻丝进行造型。

C.0.9 仿泥石造型技法：

1 用砂浆喷涂设备将造型砂浆喷涂成泥土的造型结构。

2 用方头抹灰刀塑出具体的造型，将事先准备好的小石块排放上去，待石头和泥土的造型布置好后，在面层造型砂浆表面做各种肌理，常见肌理包括大颗粒泥土、小光面、摆放提前做好的树根等。

3 所有肌理及造型做好后，用水冲出泥土的沟壑及垮塌感，水流量应先大后小逐步完成。

4 面层造型砂浆表面没有明水后，再用雕刻工具雕刻细节。包括利用雕刻塑形铲刀雕刻缝隙、无柄尼龙白刷砸出小颗粒质感、干灰撒做沙砾感等。

5 造型砂浆半干后，用高压水枪清洗一遍，去除表面的浮灰，并使得泥土感更加柔和。

C.0.10 仿沙滩造型技法：

1 用方头抹灰刀将造型砂浆抹出沙滩的波纹感，应做到高低有序，方便后期走水；撒上一层黄沙，做出小颗粒肌理。

2 用高压水枪从上到下喷洗表面，直至表面裸露出造型砂浆中的砂粒骨料；此过程需要注意喷洗角度，防止出现大量的流痕。

3 造型砂浆表面没有明水后，将各类贝壳嵌入造型砂浆里面，实现自然沙滩的肌理造型感。

C.0.11 仿抹灰造型技法：

1 墙面应提前规划做出砖块或石头的剥落处。

2 墙面分两遍喷涂造型砂浆，第一遍将墙面毛面层找平，第二遍达到所需的厚度后找平，再用方头抹灰刀抹压一遍，使造型砂浆与墙面粘结密实。

3 用雕刻塑形铲刀做出仿墙的剥落感，可在造型砂浆中掺上稻草使墙面剥落处更有年代感；再用水冲洗剥落处，显露出稻草和粗糙感。

4 用雕刻塑形铲刀处理剥落处，做出一些自然的墙面裂缝，裂缝的宽窄和面积大小应合理搭配。

5 造型砂浆表干后，用尖头抹灰刀对整面墙进行收光压实一遍，此时可用雕刻塑形铲刀在适当的地方再做一些剥落；然后用尖头抹灰刀收光压实，不需要压实很平，可有一些起伏，让墙面具有手工涂抹感。

6 用无柄尼龙白刷将墙面有序扫一遍，使墙面更有年代感。

C.0.12 仿钟乳石造型技法：

1 用方头抹灰刀塑出钟乳石的沉积层次和水流痕迹。

2 把提前拌合好的面层造型砂浆拌合物撒在面层造型砂浆层上面，用无柄尼龙白刷刷出深浅自然的竖向腐蚀痕迹，用黄沙撒出水腐蚀的孔洞，再用尖头抹灰刀刮出有层次的大型痕迹。

3　面层造型砂浆表干后，用无柄尼龙白刷来回涂刷表面，使其更光滑，但应保留好各种肌理，直至表面呈现出被水长期侵蚀的光滑感。

4　用雕刻塑形铲刀做出裂纹和局部剥落感，再用水将表面的黄沙和残渣冲洗干净。

5　面层造型砂浆表面没有明水后，用无柄尼龙白刷有序地来回刷几遍，使表面更光滑，表现出钟乳石的质感。

C.0.13　仿瓦造型技法：

1　根据图纸做一套单个瓦片大小的模具，涂刷脱模剂后，用鸭嘴抹灰刀在模具里涂抹造型砂浆，贴上裁剪好的 FRP 布，适当压实使之嵌入面层造型砂浆里面。

2　用雕刻塑形铲刀刮出瓦片的尺寸和光滑度，用大黄刷刷砸出陶土瓦的肌理，用无柄尼龙白刷将瓦片的表面肌理刷匀，最后用雕刻塑形铲刀裁出瓦片大小。

3　造型砂浆硬化后，脱模取出即可。

C.0.14　仿夯土造型技法：

1　墙面的基层拉毛处理后，将面层造型砂浆喷涂在墙面，然后用方头抹灰刀对面层造型砂浆进行整体压实及风化塑形。

2　塑形时，风化区域应做出一些沟壑感，以及做出夯土墙每版高度的痕迹感。

3　风化很严重的区域塑形时，面层造型砂浆中应掺拌一些石子和稻草，然后用方头抹灰刀将拌合好的面层造型砂浆涂抹在提前规划好的破损风化区域并压实。

4　墙面静止一段时间且用手压没有细小的水泡后，用水进行冲刷，做出风化感；水压因效果而定，风化感强烈的区域应适当加大水压；冲刷过程中应时时观察墙面，待到石子及稻草裸露出来后停止冲刷；冲刷后，墙面不能有流水痕迹，其表面呈现出比较粗犷的风化磨砂感为佳。

5　墙面没有明水后，静置一段时间，然后用尖头抹灰刀雕刻出夯土墙上的裂纹和脱层感，裂纹应虚实结合；用大黄刷点缀砸出小孔毛面肌理，一些地方还应用方头抹灰刀压光做出未风化感；方头抹灰刀涂抹过程中，应局部用力揉搓雕刻出泥土墙的皲裂纹感。

6 面层造型砂浆硬化后，可用方头抹灰刀拍打墙面，做出夯土墙面的表层脱壳感，起到适当区域点缀作用，但拍打时不能留下刀印。

7 用气动清洗枪吹掉墙面的浮灰及杂质，也可用气动清洗枪雕刻出一些小气孔。

C.0.15 其他造型技法包括结合多种颜色和类型的色粉、染色液、密封剂，辅以不同风格的压印模具、装饰石头，呈现出经风吹日晒雨淋的效果；雕琢出沙土饰面的自然裂缝，古树根茎凸出饰面的原始生长姿态，落石砸裂饰面的粗糙裂痕，鳄鱼、羊驼等动物爪印的原始风貌，等等。

附录D　主题上色技法

（资料性附录）

D.0.1　主题油漆面上色包括底漆、中间漆和面漆上色，主题油漆面上色技法包括但不限于做旧、漆纹理、渐淡、飞溅、错视画、人物画、水洗等。

D.0.2　主题油漆面应体现出设计反映的特定时代、天气、老化以及建筑和历史等因素的影响效果。

D.0.3　做旧：通过使用油漆、化学品、磨蚀或其他方法创造出陈旧表面效果的一种主题上色技法。

D.0.4　漆纹理：通过使用油漆涂刷出木材或石头纹理效果的一种主题上色技法。

D.0.5　渐淡：通过使用不透明或半透明薄涂层覆盖面漆，或者利用抹布、刷子或海绵轻微摩擦面漆，从而降低面漆光亮程度的一种主题上色技法。

D.0.6　飞溅：通过利用距离、刷子类型、喷涂压力以及油漆黏度等的变化，实现将彩色油漆液滴散射到面漆表面的一种主题上色技法。

D.0.7　错视画：通过生动逼真的细节来描绘物体的一种主题上色技法。

D.0.8　人物画：通过手动涂漆、渐变喷涂和喷涂描影等方法描绘出设计反映的人物或某些特定效果的一种主题上色技法。

D.0.9　水洗：通过利用刷子涂敷或喷涂设备喷涂等方式将薄层涂漆或液体颜料涂刷在面漆表面，实现柔滑面漆的一种主题上色技法。

本规程用词说明

1 为便于在执行本规程条文时区别对待，对于要求严格程度不同的用词说明如下：

1）表示很严格，非这样做不可的用词：
正面词采用“必须”；
反面词采用“严禁”。

2）表示严格，在正常情况下均应这样做的用词：
正面词采用“应”；
反面词采用“不应”或“不得”。

3）表示允许稍有选择，在条件许可时，首先应这样做的用词：
正面词采用“宜”；
反面词采用“不宜”。

4）表示有选择，在一定条件下可以这样做的用词，采用“可”。

2 条文中指明应按其他有关标准执行的写法为“应符合……的规定”或“按……执行”。

引用标准名录

1 《纤维增强塑料拉伸性能试验方法》GB/T 1447
2 《钢筋混凝土用钢　第1部分:热轧光圆钢筋》GB/T 1499.1
3 《连续热镀锌和锌合金镀层钢板及钢带》GB/T 2518
4 《定向纤维增强聚合物基复合材料拉伸性能试验方法》GB/T 3354
5 《不锈钢丝》GB/T 4240
6 《金属覆盖层　钢铁制件热浸镀锌层　技术要求及试验方法》GB/T 13912
7 《硅酮和改性硅酮建筑密封胶》GB/T 14683
8 《自粘聚合物改性沥青防水卷材》GB 23441
9 《预拌砂浆》GB/T 25181
10 《结构工程用纤维增强复合材料筋》GB/T 26743
11 《建筑结构荷载规范》GB 50009
12 《建筑抗震设计规范》GB 50011
13 《钢结构设计规范》GB 50017
14 《混凝土结构工程施工质量验收规范》GB 50204
15 《钢结构工程施工质量验收标准》GB 50205
16 《地下防水工程质量验收规范》GB 50208
17 《建筑装饰装修工程质量验收标准》GB 50210
18 《建筑工程施工质量验收统一标准》GB 50300
19 《轻骨料混凝土应用技术标准》JGJ/T 12
20 《混凝土用水标准》JGJ 63
21 《建筑砂浆基本性能试验方法标准》JGJ/T 70
22 《建筑钢结构焊接技术规程》JGJ 81

23 《外墙保温用锚栓》JG/T 366
24 《土木工程用玻璃纤维增强筋》JG/T 406
25 《墙体用界面处理剂》JG/T 468
26 《聚氨酯建筑密封胶》JC/T 482
27 《水泥砂浆抗裂性能试验方法》JC/T 951
28 《造型砂浆》T/SBMIA 001—2021

团体标准

造型砂浆系统应用技术规程

T/SBMIA 024—2023

条文说明

2023　上海

目　次

Contents

1 总 则

1.0.1 造型砂浆是近年来发展起来的一种新型干混砂浆材料，主要用于各种造型工程。利用造型砂浆系统进行造型工程施工是近年来发展起来的，尤其是广泛应用于各种主题公园。上海市建筑材料行业协会制定了我国首部《造型砂浆》产品标准，极大推动了造型砂浆系统的产品质量和工程应用质量，但由于缺乏相应的技术规程指导，造型砂浆系统在实际施工过程中也存在诸多问题。造型工程类型很多，其中建筑装饰、主题化和艺术化造型工程最为常见。因此，本规程定位于规范造型砂浆系统在建筑装饰、主题化和艺术化造型工程中的应用，并做到安全适用、技术先进、质量可靠、经济合理。其他类型的造型工程可参考本规程，也可参考国家其他现行有关标准。

1.0.2 迄今为止，造型砂浆系统最常用于建筑装饰造型工程、山石雕刻造型工程以及水环境造型工程这三类造型工程。因此，本条文限定了本规程只适用于造型砂浆系统用于这三类造型砂浆系统的设计、施工和质量验收。同时，由于造型砂浆系统的组成复杂，自重大，安全要求高，且已有工程甚少有抗震设防烈度 8 度以上地区的应用案例，因此限定了只适用于在抗震设防烈度为 6 度～8 度地区的上述造型工程。此外，目前国内的造型砂浆系统在造型工程中的应用高度均不超过 24 m。且当造型工程的高度超过 24 m 时，造型砂浆系统结构的自重大，风、地基等因素的影响大，安全要求高，需专项论证。因此，本条文规定仅适用于不超过 24 m 的上述造型砂浆系统工程的设计、施工和验收。造型砂浆系统用于高度超过 24 m 的上述造型工程时，应进行专项论证设计。

造型砂浆系统适用于建筑装饰造型工程时，建筑装饰造型工程主要是指基于钢龙骨水泥板、水泥混凝土、混凝土砌块及砖砌砌体等基层的建筑装饰造型工程。原因在于，钢龙骨水泥板、水泥混凝土、混凝土砌块及砖砌砌体等这些基层的强度能够满足支撑系统需要，而加气混凝土、多孔砖、空心砌块等其他砌体的强度不能满足要求，可能会存在支撑力不足等潜在的安全隐患。

1.0.3 凡国家现行标准中已有明确规定的，本规程原则上不再重复。造型砂浆的设计、施工及质量验收，除应符合本规程外，尚应符合国家和行业现行有关标准的规定。国家现行强制标准包括建筑防火、建筑工程抗震等方面的标准和规范。国内外相关的配套专用技术，在满足本规程和相关标准规定的基础上，可参考采用。

2 术 语

2.0.1 在造型砂浆系统中，辅助系统主要包括需要时加设的防水涂层，以及起到主题渲染效果的主题上色层。

2.0.4 这里所指的水环境主要是指造型砂浆系统处于水下、接触到的水分为高氯水或者咸水以及处于水面以上的环境。

处于水下或者接触到的水分为高氯水或者咸水时，水中存在的氯离子、硫酸盐离子等各种腐蚀性离子会逐渐渗透到造型砂浆系统中，从而会腐蚀系统中的钢材，带来安全风险。处于水面以上时，部分区域常发生干湿交替，也会因干湿交替影响到造型砂浆系统的稳定性，致使水中腐蚀性离子例如氯离子扩散更快，对造型砂浆系统中的钢材腐蚀性更强。因此，处于上述水环境时，需采用依附于非腐蚀性支撑结构基层的造型砂浆系统，并按照水环境进行设计和施工；相应地，支撑结构基层需要采用非腐蚀性材料制备，常用不锈钢或者玻璃纤维增强塑料型材（FRP 型材）。

水环境用造型砂浆系统的设计通常包括缸体内水下大造型、缸体内水下小造型以及缸体内低水位造型三种造型砂浆系统设计。

水环境用造型砂浆系统工程主要包括长期浸泡于水中的包装（例如泡池、水下装饰小品、水下饰面等），具有一定腐蚀性环境下的区域包装（例如海洋水族馆水中包装等），以及瀑布水景区域包装（例如假山跌水、景观小品跌水、喷泉水池等）。

3 材 料

3.0.1 本条文给出了造型砂浆的性能要求和测试方法，其性能要求应符合现行团体标准《造型砂浆》T/SBMIA 001—2021 的规定。

工程实践表明，《造型砂浆》T/SBMIA 001—2021 中关于造型砂浆产品性能要求具有先进性、适用性，满足不同造型工程对于造型砂浆产品质量的要求。因此，条文提出造型砂浆性能应满足该标准要求。

3.0.2 本条文给出了造型砂浆用拌合水的性能要求，其性能要求应符合现行行业标准《混凝土用水标准》JGJ 63 的规定。

拌合水中的杂质（例如碱性离子、氯离子等）含量较高时，会影响造型砂浆的性能，也会影响造型砂浆施工后的表面质量，因此应采用符合现行行业标准《混凝土用水标准》JGJ 63 规定的拌合水。

3.0.5～3.0.11 条文中涉及不同牌号的不锈钢。其中，022Cr19Ni10 不锈钢即为现行国家标准《不锈钢丝》GB/T 4240—2019 附录 A 中表 A.2 所描述的美国标准 ASTM A959—16 中的 304L 不锈钢。

022Cr17Ni12Mo2 不锈钢即为现行国家标准《不锈钢丝》GB/T 4240—2019 附录 A 中表 A.0.2 所描述的美国标准 ASTM A959—16 中的 316L 不锈钢。

06Cr19Ni10 不锈钢即为现行国家标准《不锈钢丝》GB/T 4240—2019 附录 A 中表 A.0.2 所描述的美国标准 ASTM A959—16 中的 304 不锈钢。

4 设 计

4.1 一般规定

4.1.2 造型砂浆系统用于造型工程时，应进行整体结构设计，确保造型工程结构安全。

造型砂浆系统应用于建筑装饰、山石雕刻和水环境等造型工程时，均涉及整体结构安全，尤其是大型的造型工程，安全尤为重要。因此，在设计时，必须进行包括基础、造型砂浆系统在内的造型工程的整体结构设计，以确保工程安全，尤其是长期使用中的安全。

4.2 建筑装饰用造型砂浆系统

4.2.3 基层的强度和防水抗渗性能对于建筑装饰用造型砂浆系统的质量和服役安全至关重要。因此，本条文规定了基层宜为钢筋混凝土或钢龙骨水泥板系统，且钢筋混凝土墙抗渗等级不应低于 P6；钢龙骨水泥板系统位于室外或有水室内环境时，水泥板外侧迎水面应铺设自愈性防水卷材，以确保具有足够的强度和较好的防水抗渗性能。

同时，鉴于一些建筑墙体常采用砌体材料，基层也可以为砌体材料，但不应为强度较低或者孔洞型的加气混凝土、多孔砖、空心砌块或轻质板材，且砌体基层应采用防水砂浆抹灰找平，并在挂网打钉处做好防水修补处理。

如基层为加气混凝土、多孔砖、空心砌块或轻质板材时，为确保质量和安全，建筑装饰用造型砂浆系统的设计应采用山石雕刻用造型砂浆系统构造，且钢框架应与地面或建筑主体结构可靠相连。

4.2.6 不同部位的底层造型砂浆的厚度是由工程特点所确定的。但考虑底层造型砂浆与正面金属网直接接触，应能覆盖金属网，以确保金属网不会裸露在外。基于金属网的厚度，本条文规定底层造型砂浆的平均厚度不宜小于 15 mm。同时，底层造型砂浆表面应进行拉毛处理，以使底层造型砂浆与防水材料层（如有时）和面层造型砂浆更好地粘结在一起。

4.2.7 基于现有多个工程案例的实际使用效果，本条文提出了面层造型砂浆的厚度要求。为确保造型效果，限定了平均厚度的最小值；同时为避免厚度过大带来的质量过重和易于开裂问题，也限定了平均厚度的最大值。

4.2.9 由于造型砂浆或多或少存在一定的收缩，为了避免大面积抹灰施工后产生收缩开裂现象，本条文提出在大面积使用时，应在底层造型砂浆层设置伸缩缝。伸缩缝纵横间距不宜大于 6 m，伸缩缝宽度宜为 20 mm，并采用耐候型密封胶填充。同时，为确保美观度和整体性，面层造型砂浆一般不设置伸缩缝，宜结合其设计造型及肌理变化设置变形缝，从而最大程度上确保美观度和整体性。

4.3 山石雕刻用造型砂浆系统

4.3.4 钢框架是山石雕刻用造型砂浆系统的基础，对于系统的服役安全至关重要。因此，本条文提出钢框架应符合 3.0.4 条的要求，应与山石主体结构稳固连接，并进行整体结构计算。结构计算应符合现行国家标准《建筑结构荷载规范》GB 50009、《建筑抗震设计规范》GB 50011、《钢结构设计标准》GB 50017 的相关规定。

4.3.12 本条文中，防水涂层表面喷涂石英砂，目的是提高防水涂层表面的粗糙度，进一步提高防水涂层与防水砂浆保护层的粘结效果。根据国内外工程经验，石英砂粒径 0.42 mm～0.85 mm 较为合适。0.42 mm～0.85 mm 即相当于国外工程常用的 20 目～40 目。

5 施　工

5.1　一般规定

5.1.9～5.1.11　造型砂浆通常是以薄层使用，施工时，环境温度宜在 5 ℃～35 ℃。5 ℃以下施工时极易受冻害，大风天气或 35 ℃以上施工时失水较快，雨天露天施工时雨水混进砂浆会改变砂浆的水灰比，这些都会导致砂浆达不到预期的性能，也就难以保证工程质量。当必须在 5 ℃以下施工时应采取防冻措施，并尽量避开早晚低温时段；当必须在 35 ℃以上施工时应采取遮阳措施和保湿养护，并尽量避开正午高温时段。不宜在大风和雨雪天施工；如施工时遇到大风、雨雪天，应及时采取防风、防雨、防冻保温措施。

5.1.12　室外施工时，造型砂浆施工面应采取合理的防晒措施，避免阳光直射，目的在于防止造型砂浆的过快凝结影响可造型时间，或者失水过快而产生塑性收缩开裂等不良现象。室内施工时，应确保照明充足，目的在于确保施工不因光线而受到影响，避免发生施工质量和安全风险。

5.4　样板制作

5.4.1～5.4.10　条文规定了样板制作的详细要求。

样板相当于验收的实物标准，能真实反映材料、设计、施工等方面的情况。制作样板应采用相同的材料和工艺，并经有关方确认后现场制作，样板的技术资料纳入工程技术档案。在竣工验收前，应对样板妥善保护，防止受到破坏。样板工程施工前，应在专设的样板区或现场建造样板工程，并经有关各方确认后，再进行施工。经过审批验收的样板将作为实际工程完工后的评判标准。

5.5 建筑装饰用造型砂浆系统的施工

5.5.1 基层处理应符合下列规定：

1 目的是为了确保砌体基层平整度和抹灰层具有足够的抗拉强度和防水效果。

2 目的是防止因雨水侵袭而发生渗水、渗漏等不良现象。

3～7 目的是防止基层与造型砂浆粘结不够牢固而发生脱落等不良现象。

5.5.8 养护应符合下列规定：

1 目的是通过充分的保湿养护，最大程度上避免面层造型砂浆层产生收缩开裂现象。喷洒时间间隔取决于天气温度和表面湿度情况，如果天气温度很高，水分蒸发快，则应适当缩短喷洒间隔时间；如果天气温度较低，水分蒸发慢，则可适当延长喷洒间隔时间。

2 目的是确保面层造型砂浆实际强度达到设计要求，且表面 pH 值和含水率满足后续主题上色要求。

3～6 目的是确保造型砂浆系统的强度能在规定时间内达到设计要求，并避免产生收缩开裂现象。

5.5.9 主题上色应符合下列规定：

1 目的是确保主题上色符合业主要求和设计要求。

2 目的是确保面层造型砂浆层表面处理后的状况、强度和 pH 值与含水率等均符合主题上色要求。其中，表面 pH 值和含水率的限定是确保喷涂抗碱底漆后不会发生湿度交换和碱性离子迁移带来的泛碱现象，从而影响到表面主题上色效果。

3 目的是防止在主题上色时因环境条件而导致主题上色效果不能满足要求。其中，5℃以下低温或者空气中湿度达到结露临界点时，上色漆的凝固会受到影响，甚至发生流淌现象，从而影响上色效果。因此，当温度低于5℃时，或者当空气中湿度达到结露临界点时，不得进行主题上色。35℃以上高温时，会导致上色漆中水分蒸发过快，也会影响到上色效果。因此，当面层造型砂浆表面温度超过35℃时，应暂停上色；当表面温度下降到35℃以下时，方可重新开始上色。当空气相对湿度大于85%且预计温度将会下降时，可能会发生结露现象，从而影响到上色效果，因此也不得上色施工。

5.6 山石雕刻用造型砂浆系统的施工

5.6.5 防水涂层的施工

4 为确保界面剂完全干透，一般在施工12 h后进行防水涂层涂刷。

5 为确保第一层环氧树脂防水涂层干透，一般在环氧树脂防水涂层施工12 h后，涂刷第二层环氧树脂防水涂层。

5.8 成品保护

5.8.6 造型砂浆喷涂施工前，应采取下列保护措施：

1 目的是防止喷涂施工时造型砂浆外溅对内部钢结构及成品造成污染。

2 目的是防止造型砂浆喷涂施工对其造成污染。

3 目的是防止过喷或飞溅到未喷涂表面区域。一旦发生过喷或飞溅现象，应及时、全面地进行清理和清洗。

4 目的是防止对已完成的造型砂浆雕刻面造成污染。

5.8.10 主题上色前，应采取下列保护措施：

1 目的是防止封装、底色喷涂对其造成污染。

3 目的是防止架体上的沙土、灰尘对上色造成污染。

4 目的是防止扬尘及交叉作业对上色面层造成不可清理的污染。

5.8.11 本条文规定的目的是防止油漆、涂料翻倒或渗漏外流对其他成品造成污染。

5.8.12 本条文规定的目的是防止切割产生的火花对完成面造成损坏。

5.8.13 本条文规定的目的是防止其他工作工序导致损坏。

6 质量检验与验收

6.3 一般项目

6.3.3 钢筋网的焊接点是影响钢筋网质量的关键因素之一。钢筋网的所有焊接点在处理之前应通过检测审核；应在安装固定钢筋前处理主体结构的所有焊接点；应在进行扎网前用钢刷清除焊接残渣并涂上镀锌涂料；应对下列内容进行核查：

1 定期对现场焊接工作进行检查。

2 对现场制造采用的焊接作业程序进行复核。

3 观察检查所有焊缝。如怀疑某处焊缝不符合技术规范，应对其进行X线检查。

4 涂敷造型砂浆前，对假山板架与连接片间，以及周围钢筋间的所有焊缝进行观察检查。

5 对连接钢筋网与辅助支撑框架的现场焊缝，抽取5%焊缝进行磁粉检测或超声检测。

6 如果存在焊缝检测不合格，应对同一阶段施工的至少2处相邻或类似焊缝进行额外检测。

7 不合格的焊缝重新加工处理后，必须在造型砂浆抹灰前重新进行检测。

8 未经重新检查，不得磨掉不合适或不合格的焊缝。

附录A　施工设备与施工工具

造型砂浆系统施工在国内还属于刚起步阶段，施工时大多参考建筑抹灰或者国外的一些资料，施工质量参差不齐。施工设备与工具是影响施工质量的关键因素之一，一些工具目前还只能从国外进口。因此，附录A以资料性附录的方式给出了造型砂浆系统施工时所涉的机械设备与施工工具，并进行了列表说明。

附录B　艺匠人员要求

艺匠人员是实现预期造型的具体实施人员，其技艺水平对于确保工程质量至关重要。因此，附录B以资料性附录方式，从不同方面给出了造型砂浆工程对于艺匠人员的基本要求。

附录C　造型技法

造型砂浆的造型技法很多，赋予造型砂浆系统具有生动逼真的效果，包括但不限于仿木纹、仿砖、仿石、仿金属、仿火山石、仿火山岩、仿树藤、仿泥石、仿沙滩、仿抹灰、仿钟乳石、仿瓦以及其他各种纹理肌理表现技法。为了规范并指导艺匠人员实现造型设计意图，附录C以资料性附录方式详细描述了造型砂浆系统可能涉及的造型技法施工工艺过程，以供参考。

附录D　主题上色技法

主题上色是实行造型效果的主要工序，是实现设计意图的重要环节。因此，附录D以资料性附录的方式描述了主题上色技法，包括但不仅限于做旧、漆纹理、渐淡、飞溅、错视画、人物画、水洗等。